中国式现代化｜人与自然和谐共生系列

矿山生态环境调查评价与修复研究

陈秋计 贺传阅 杭梦如 朱小雅 王 鑫 著

内容简介

本书结合当前矿山生态修复的需要，系统分析了矿山生态环境调查的相关内容和技术要求，从空-天-地多尺度介绍了矿山生态环境监测的研究成果；利用可拓理论指导矿山生态环境评价及修复，结合生态服务价值模型，评价矿区土地生态演化，并基于GIS平台分析区域矿产资源开发与生态环境的适宜性；根据区域生态环境及土地损毁特点，遵循"山水林田湖草"生命共同体的原则，提出了差异化的治理措施，并针对不同类型的具体案例进行了系统分析。

本书可作为高等院校地理学、测绘科学与技术、资源与环境等学科本科生、研究生的参考用书，也可作为自然资源、采矿、农业等部门的管理人员和技术人员了解矿山生态修复相关知识的参考读物。

图书在版编目(CIP)数据

矿山生态环境调查评价与修复研究 / 陈秋计等著
. — 西安 ：西安交通大学出版社，2023.5
ISBN 978-7-5693-3146-2

Ⅰ. ①矿… Ⅱ. ①陈… Ⅲ. ①矿山环境—生态恢复—研究—中国 Ⅳ. ①X322.2

中国国家版本馆CIP数据核字(2023)第049721号

书　　名 矿山生态环境调查评价与修复研究
KUANGSHAN SHENGTAI HUANJING DIAOCHA PINGJIA YU XIUFU YANJIU
著　　者 陈秋计　贺传阅　杭梦如　朱小雅　王　鑫
责任编辑 王建洪
责任校对 祝翠华
装帧设计 伍　胜

出版发行 西安交通大学出版社
（西安市兴庆南路1号　邮政编码710048）
网　　址 http://www.xjtupress.com
电　　话 (029)82668357　82667874(市场营销中心)
(029)82668315(总编办)
传　　真 (029)82668280
印　　刷 西安五星印刷有限公司

开　　本 700mm×1000mm　1/16　**印张** 11.625　**字数** 174千字
版次印次 2023年5月第1版　2023年5月第1次印刷
书　　号 ISBN 978-7-5693-3146-2
定　　价 78.00元

如发现印装质量问题，请与本社市场营销中心联系。
订购热线：(029)82665248　(029)82667874
投稿热线：(029)82665379　QQ:793619240
读者信箱：xj_rwjg@126.com

前言

矿产资源作为社会经济发展的重要物质来源，其开发过程不可避免地会对生态环境产生剧烈扰动，继而引发矿山及其周边环境难以逆转的负面效应。推进矿山生态修复是践行习近平生态文明思想的具体体现，是矿区生态文明建设的主要内容，是助力矿区碳中和的重要举措，是实现矿区绿色发展的关键环节。矿山生态修复已成为当前国内外学者高度关注的研究领域，生态修复模式正逐渐从传统的复垦、复绿向综合治理、生态功能恢复、资源循环利用等方式转变，运用的技术手段和表现手法也越发多样化。

本书主要从矿山生态环境调查、评价及修复三个方面进行介绍。首先，结合矿山生态修复领域相关技术规程，分析矿山生态环境调查的内容及要求；融合卫星、无人机遥感技术和地面调查技术，构建空-天-地三个尺度的矿区生态环境监测技术体系，研究生态环境信息的提取方法。其次，根据矿区生态环境评价的需要，构建基于可拓理论的矿山修复评价模型；结合生态服务价值理论，分析矿区土地生态系统的功能演化；利用 GIS 平台，研究区域矿产资源开发与生态环境的适宜性。最后，根据区域生态环境及土地损毁特点，探讨采煤塌陷裂缝的综合治理技术，研究风积沙采煤沉陷区山水林田湖草系统修复的技术与方法。

本书由西安科技大学测绘科学与技术学院陈秋计编写大纲，并负责第 1、2、4、5 章的编写，杭梦如、朱小雅、王鑫等负责第 3 章的编写，河南省国土空间调查规划院贺传阅负责第 6 章的编写。本书在撰写过程中参阅了大量国内外有关资料，引用了一些作者的观点和实例，在此谨向相关作者致以诚挚的谢意。

本书在编写过程中得到了西安科技大学测绘科学与技术学院各位老师的大力支持与帮助，得到了陕西省软科学研究计划（编号：2022KRM034）的资助；硕士研究生曹亚楠、黄兰、王志国等进行了部分文字的校对工作，在此一并表示衷心的感谢。

由于对问题的理解深度不够及所掌握文献资料的不足，加上编写人员的水平和时间有限，书中难免存在错漏及不足，不妥之处，恳请读者不吝指正。

陈秋计

2023年1月

目　录

第1章　绪论

1.1　背景及意义

中国有着丰富的矿产资源，矿产资源的开发对国民经济建设起到了支柱作用。然而，在开发利用矿产资源的同时，也引发了一系列的生态环境问题。党的十八大报告指出，要大力推进生态文明建设，全面落实五位一体总体布局。十八大报告将生态文明建设提高到了新的战略高度，而对矿山进行生态修复是其中的关键一环（陈晶 等，2020）。党的十九大报告指出，必须树立和践行绿水青山就是金山银山的理念，坚持节约资源和保护环境的基本国策，像对待生命一样对待生态环境，统筹山水林田湖草系统治理，实施重要生态系统保护和修复重大工程，开展国土绿化行动。矿山生态修复作为生态文明建设的一项重要内容，必须加强理论研究和创新，深刻理解和准确把握习近平生态文明思想和“两山论”的内涵、实质，在生态保护的前提下实现矿山的生态化开发、生态化治理，实现生态保护与矿业开发的辩证统一（王丹丹，2020；刘欣，2013）。在此背景下，开展矿山生态环境调查、评价与修复的理论研究，加强技术创新，推进新技术新方法的应用，创新矿山生态修复模式，对于指导矿山生态文明建设具有重要意义。

1.2　相关研究进展

1.2.1　矿山生态环境调查

生态环境调查是生态环境评价与修复的基础。科学开展矿山生态修复，首先要查明矿山生态环境自然要素和人工要素特征，以及人工要素对自然要素的叠加作用，在此基础上，才能准确判定矿山生态环境要素破坏方式与程度，进而选择适宜的生态修复模式，制定修复方案，开展修复工程（方星 等，2019）。

2011 年，国土资源部发布《土地复垦方案编制规程》，指出复垦方案编制前期，应收集复垦区及周边自然地理、生态环境、社会经济、土地利用现状与权属、项目基本情况等与土地复垦有关的资料。实地调查复垦区土壤、水文、水资源、生物多样性、土地利用、土地损毁等情况。针对不同土地利用类型区，开挖土壤剖面，采集土壤样品。对复垦区已损毁未复垦的土地，应查清损毁范围、程度与面积；对复垦区已损毁已复垦的土地，应调查复垦所采用的主要标准措施以及复垦效果。采用类比方法，调查收集项目周边地区可借鉴的土地复垦工程案例，包括土地损毁、复垦标准和措施、资金投入等情况。2014 年，中国地质调查局颁布了《矿山地质环境调查评价规范》，要求开展地质环境背景补充调查，基本掌握调查区地质环境条件；开展矿山基本概况调查，掌握矿山开发历史、矿体分布、开采方式、生产能力、矿业活动范围等；开展矿山地质环境问题及危害调查，查明矿山地质环境问题的类型、分布及规模等。为了提高土地复垦方案的针对性和可行性，2016 年，国土资源部制定了《矿山土地复垦基础信息调查规程》，进一步明确了矿山土地复垦调查的内容和要求。同年，矿山地质环境保护与治理恢复方案和土地复垦方案合并编报，在《矿山地质环境保护与土地复垦方案编制指南》中进一步综合了矿山生态环境调查的内容。2022 年颁布的《矿山生态修复技术规范》指出，矿山生态修复要开展矿山自然生态状况、矿山概况和矿山生态问题调查，对于一些成因类型复杂、生态影响严重的重大问题应开展专项调查。2022 年颁布的《矿山环境遥感监测技术规范》中规定了采矿损毁土地、矿山生态修复土地遥感监测的工作内容、程序、方法及要求等。同时，各个地方也结合区域矿山生态修复的需要，制定了相应的调查规范。如河南省自然资源厅 2020 年制定了《矿山土地复垦土壤环境调查技术规范》，宁夏回族自治区市场监督管理局 2020 年颁布了《宁夏矿山地质灾害无人机机载激光雷达监测技术规程》等。

在调查方法方面，常用的调查方法主要有资料收集法、地面调查法、专家和公众咨询法、生态监测法、遥感调查法等。由于矿区生态环境监测对象、指标复杂多样，具有综合性、动态性、不确定性、隐性显性共存等特征，因此，必须以地下采矿地质信息为先导，通过宏观、微观监测，空-天-地监测等多种技术手段，实现“星-空-地-井”一体化监测，对土地与环境损毁信息综合监测，对矿区土地与环境的损毁-治理等全过程监测（胡振琪，2019；范立民 等，2021；周妍 等，2017；李晶 等，2015）。

1.2.2 矿山生态环境评价

矿山生态环境评价，是矿山环境管理的一项重要工作，是衡量矿山生态环境保护与恢复治理成效的主要依据。我国矿山生态环境管理起步比较晚，存在多头管理的局面，统一监管的机制和体制尚未建立，缺乏相应的评价规范和技术标准等依据。关于土地损毁，《土地复垦方案编制规程》中指出，应分析预测土地损毁对复垦区及周围环境土壤资源、水资源、生物资源等可能产生的影响。关于矿山地质环境，《矿山地质环境调查评价规范》中要求在矿山地质环境调查的基础上，依据相关标准，采用定量或半定量的方法，评定矿山地质环境问题的影响程度，分析矿山地质环境问题的成因及变化趋势，提出矿山地质环境问题防治对策；《矿山生态修复技术规范》中要求分析矿山所在区域自然生态状况，建立矿山恢复参照生态系统，将矿山生态问题与参照生态系统进行对比，分析矿山生态问题的分布、规模、特征、严重程度和危害等，将矿山场地主要生态问题按严重程度划分为三个等级。为了进行煤炭矿山生态环境状况评价及动态趋势评价，山西省环境保护厅 2011 年制定了《山西省煤炭矿山生态环境状况评价技术规范（暂行）》，规定了煤炭矿山生态环境状况评价指标和评价方法等技术内容。2021 年，生态环境部印发了《“十四五”省级矿产资源总体规划环境影响评价技术要点（试行）》，在宏观层面提出了矿产资源开发的生态环境评价要求，重点分析对区域重点生态功能区结构功能的影响，对区域水、大气、土壤等环境质量的影响和可能产生的生态环境风险。关于矿山生态环境的评价方法，主要有指数综合法、模糊评价法、BP 神经网络、物元分析法、集对分析法、变权欧氏距离法、“3S”技术等。不同类型矿山开采对环境影响过程及结果也不尽相同，矿山生态环境指标体系也没有明确标准可参照，具有较大的模糊性和不确定性。矿山生态环境评价是一项复杂工程，建立起较为完善的、系统的矿山生态系统定量评价规范化程序和方法迫在眉睫（王红梅，2020）。

1.2.3 矿山生态环境修复

1. 国外矿山生态环境修复

美国是最早对矿区生态环境实施治理修复的国家之一，已形成了较为完整、系统的矿山生态环境治理修复法律制度。其依据新旧矿区分别治理的原则和思路，确立了废弃矿区生态环境治理修复基金制度和矿山生态环境治理修复保证金制度，并建立了严格的矿山生态环境治理修复验收标准制度和开采许可证审批与矿区生态环境治理修复挂钩制度，以保障废弃矿区生态环境治理修复基金的有效使用和新建或正在生产的矿区生态环境的修复效果（张睿 等，2014）。据美国矿务局调查，美国平均每年采矿用地 4500 hm^2，其中 47% 的矿山废弃地恢复了生态环境。矿山废弃地的生态修复工作主要有土壤修复、水体修复、植被修复三个方面。土壤修复主要有三种治理思路，即将污染物从场地分离或去除，或将有害物质固定在土壤中，或阻隔或减少污染物与外界的接触。在水体修复方面，对水体中重金属污染物的处理以及酸性水的中和是水体净化的重要工作，人工湿地系统、生物反应器技术是针对性技术。在植被修复方面，常联合土壤修复技术，将土壤改良剂混合植物种子喷播于修复场地，其中，适宜的土壤改良剂种类选择、植物种类选择以及配比数量是关键。此外，美国矿山废弃地的生态修复常将多种技术结合使用，以发挥各自优势（王美仙 等，2015）。

德国在历史上曾是重要的采煤国家之一，对于矿山环境治理和生态环境修复有丰富的技术经验和研究成果。在矿山生态治理工作管理方面，德国政府采取相对严格的环境治理政策，制定了相对完善的法律体系。其中，通用性的法规有《德国民法》《德国商法》《德国经济补偿法》等，专业性的法规有《德国矿产资源法》《德国矿山共同决定法》等。除了这些制度外，采矿权申请者还必须提供详细的矿山开采过程中及开采后的矿区环境治理方案（阮淑娴，2014；严家平 等，2015）。鲁尔区位于德国西部北莱茵-威斯特法伦州，曾经是欧洲最大的以煤炭、钢铁生产为基础的工业区，20 世纪 50 年代以后，受全球性能源结构调整和科技发展的影响，鲁尔区的钢铁和煤炭产业开始走向衰落。为了促进区域的协调发展，德国政府颁布法律，成立了鲁尔区开发协会，作为鲁尔区最高规划机构。鲁尔区开发协会把矿区环境修复作为经济转型的出发点和着眼点，全面解决老矿区遗留下来的土地破坏和环境污染问题。针对产业撤退后土地污染严重、清理耗资巨大、私企无利可图的问题，政府设立土地基金，购地后进行修复，土地经过消毒等处理后再出让给新企业，成为新的工业用地、绿地或者居民区。为保护鲁尔区丰富的工业文化遗产，并推动鲁尔区的文化旅游产业发展和经济复兴，1998 年，鲁尔区规划了一条覆盖 15 座工业城市的区域性旅游线路，被称作"工业遗产之路"（常春勤，2015；王柳松 等，2010）。

加拿大是北美洲最北部的国家，地域辽阔，地质条件复杂，矿产资源非常丰富，是矿产品生产大国和出口大国。加拿大的矿区恢复工作贯穿矿山生产的任何一个阶段。在对矿区勘查时，比如开展确定矿物位置的探矿、钻孔等活动，管理部门会正确引导，尽可能减少对土地、水、植被、野生动物的影响。矿山开采前，必须对当时的生态环境状况进行研究并取样，获得的数据要作为采矿过程中以及采矿结束后复垦的参照。此外，加拿大还采取一些配套制度来督促矿山企业改善环境，如环境绩效报告制度。上市矿业公司必须汇报企业的环境管理绩效，这会间接地影响公司的股票价格和市场盈利，迫使矿企去改善矿区环境（郑娟尔 等，2012）。

采矿业是澳大利亚的主导产业，采矿历史悠久，是世界上较早实施可持续矿业、采矿环境准入、土地复垦保证金、动态监管等制度的国家，在矿山生态修复方面一直领先全球。为进一步解决资金问题，近几年澳大利亚各州政府开展了矿山土地修复制度的改革。2012 年和 2013 年，西澳大利亚州制定了《采矿修复基金法》和《采矿修复基金法条例》，规定矿权持有人每年缴纳修复责任总值的 1%作为采矿修复基金。2017 年，新南威尔士州制定了《修复成本计算指南》，并基于定额方法开发了修复成本计算工具。2019 年，昆士兰州进一步实施制度改革，制定了动态修复与关闭计划指南，该指南规定所有矿山必须提交动态修复与关闭计划的时间表，并实施年审和动态修复证书制度(杨永均 等，2020)。澳大利亚的土地复垦一般要经历以下阶段：初期规划、审批通过、清理植被、土壤转移、存放和替代生物链重组、养护恢复、检查验收。土地复垦必须执行保证金制度，基于鼓励和推广的目的，复垦工作做得最好的几家矿业公司只缴纳 25%的复垦保证金，其他公司则必须足额缴纳保证金。通过建立完善的制度和采取有效的措施，澳大利亚的土地复垦工作取得了长足进步(王柳松 等，2010)。

2. 国内矿山生态环境修复

1)黄河流域矿山生态修复

习近平总书记在黄河流域生态保护和高质量发展座谈会上强调，要坚持绿水青山就是金山银山的理念，坚持生态优先、绿色发展，以水而定、量水而行，因地制宜、分类施策，上下游、干支流、左右岸统筹谋划，共同抓好大保护，协同推进大治理，着力加强生态保护治理、保障黄河长治久安、促进全流域高质量发展、改善人民群众生活、保护传承弘扬黄河文化，让黄河成为造福人民的幸福河。《中华人民共和国国民经济和社会发展第十四个五年规划和 2035 年远景目标纲要》中指出，要加大上游重点生态系统保护和修复力度，加强矿山生态修复，建设黄河流域生态保护和高质量发展先行区。黄河流域生态保护与高质量发展已上升为重大国家战略，新形势对流域开发治理提出了更为明确的要求。黄河流域横跨我国东、中、西部，既是北方重要生态屏障，也是重要的能源战略区与煤炭生产基地(彭建兵 等，2020；彭苏萍 等，2020；卞正富 等，2021)。

(1)黄河流域上游高原区矿山生态修复。青海省地处高原，生态系统脆弱。早期受不完善的矿产资源管理制度和部分矿山企业掠夺式开采等因素影响，青海省矿山生态环境问题突出，高海拔地区脆弱生态环境的自我修复能力受到了严重破坏。为构建生态文明的和谐社会，开发利用好“中华水塔”的生态功能，青海省选择以地貌破坏严重的煤矿露采区为主要治理对象，逐步加强和推进矿山生态修复工作，形成具有青海特色的治理模式。首先借助“3S”技术手段(卫星影像解译、工程测量等)来完成科研选区及设计前的地理底图成图、典型区段平整方量格网法精确计算。然后通过覆坑平整恢复地貌，覆土种草或移植草皮，围栏封育加速重建受损草地植被生态系统功能，等等。在适宜牧草生长的牧区环境内植被重建核心环节为覆土种草；在坡度较陡、坡面径流易于侵蚀部和风口吹蚀区段，铺垫可降解材质的柔性土工网用于固土防沙；在降雨量偏少区段利用地膜保墒。植被恢复根据不同海拔区的客观实际生态背景植被立地条件，合理混播草种类型和比例（董高峰 等，2011）。在木里煤田聚乎更矿区，探索研究了卫星和无人机遥感技术在植被覆盖度、冻土反演、生态治理效果可视化评价、工程监管和方量计算等方面的应用（李聪聪 等，2021）。在木里矿区治理工程实践中，按照"地质＋生态""自然恢复＋工程治理"的综合治理思路，通过与各井渣山边坡稳定程度、水系传输与采坑积水情况、资源赋存状态等相结合，最终形成"一坑一策"的治理方法，探索了高原露天煤矿区生态环境一体化修复治理路径（王佟 等，2021）。

(2)黄河流域中上游黄土丘陵和风沙区矿山生态修复。黄河流域中上游属于气候干旱半干旱地带，年降雨量 300～500 mm，而蒸发量在 1400 mm 以上，是我国大型煤炭基地集中分布区，我国 14 个大煤炭基地中 7 个位于该流域段。煤炭大规模开发与脆弱的生态环境叠加，生态环境更为脆弱，制约了该区域的可持续发展。近年来，针对煤炭开采与水资源生态保护关系的研究与工程实践一直是人们关注重点（彭苏萍 等，2020）。神东矿区位于晋陕蒙三省区接壤地区，为严重风水复合侵蚀的荒漠化生态环境。神东集团遵循"治理保开发、开发促治理"的生态修复建设理念，采取适地适技、零缺陷建设生态型绿色煤都的技术与管理模式，开展了风蚀沙漠化防治、水土流失治理、井采地质沉陷与露采土地复垦、供水泉域防护、河道整治、庭院园林景观营造等生态环境修复建设技术，使矿区植被覆盖度由开发前的 3%～11%提高到目前的 60%以上（康世勇，2020）。陕西省积极探索矿山生态环境开发式治理模式，初步形成残留资源再利用、废弃土地再利用、固体废弃物再利用、水资源循环再利用等 4 种模式（李成 等，2020）。

(3)黄河流域下游冲积平原区矿山生态修复。黄河下游冲积平原是我国粮食主产区，该区域分布着河南和鲁西两个煤炭基地。大规模煤炭开发使该地区土地资源锐减，土地生产力下降，下游河道、河口三角洲湿地破坏，水资源利用和耕地保护成为主要问题。随着煤炭开发范围和强度的加大，在黄河流域生态背景下，煤炭开发的生态环境影响日益突出（彭苏萍 等，2020）。平原煤矿区煤炭开采最主要的生态环境问题是采煤塌陷并严重积水，造成耕地面积减少、生态环境恶化。胡振琪等（2021）以黄河下游平原煤矿区采煤塌陷地为研究对象，指出应以塌陷对建筑物和耕地的损毁边界作为采煤塌陷地治理范围，阐述了塌陷积水的机理及动态过程，并以是否积水作为土地损毁程度评价的重要标准；提出了基于治理阶段性和考虑未来（周边与多煤层）开采影响的塌陷稳定性分析方法；针对黄河下游平原煤矿区耕地损毁严重的问题，改变传统的“末端治理理念”和“零和博弈思维”，提出了“采煤与耕地保护协同发展战略”和“边采边复战略”，可有效保护和恢复耕地，实现煤炭开采与生态保护的协同发展。黄河流域下游的焦作市煤矿区，地下采煤引起的大面积土地沉陷及矸石山压占土地较为严重，在低山丘陵沉陷区其采用土地修筑梯田或改为缓坡地等措施，在平原沉陷区则采用排水、煤矸石或粉煤灰充填、挖深垫浅等工程措施。同时，采用种植大豆、花生等豆科植物或禾本科植物、增施有机肥等措施提高复垦土壤质量，取得了较好的生态效果（程静霞 等，2014；彭苏萍 等，2020）。

2）废弃矿山生态修复

长期以来“重开发、轻保护”的不合理矿产资源开采利用方式产生了大量废弃矿山，遗留了大量矿山生态环境问题。党的十八大以来，国家将生态文明建设提升到前所未有的高度，废弃矿山生态修复成为我国生态文明建设的重要任务（张进德 等，2020；关军洪 等，2017）。

（1）废弃矿山类型及分布。截至 2018 年，我国共有各类废弃矿山约 99000 座。按矿产类型分，非金属矿山约 75000 座，金属矿山 11700 座，能源矿山 12300 座；按生产规模分，大型废弃矿山共有 2000 座，中型废弃矿山共有 4200 座，小型废弃矿山共有 92800 座；按开采方式分，露天开采的废弃矿山共有 80600 座，井工开采的废弃矿山共有 16400 座，其他混合开采的废弃矿山 2000 座。全国废弃矿山空间分布极不均匀，有的区域密集，有的区域稀疏，整体呈现出大中型矿少、小型矿多，建材等非金属矿多、能源和金属矿少，东部多西部少的趋势（张进德 等，2020）。

（2）废弃矿山生态修复模式。依据是否需要人工干预，废弃矿山生态修复主要有自然恢复、自然恢复与人工修复相结合、人工修复等三种模式(孙晓玲 等,2020)。根据废弃地适宜程度,依据区域空间发展规划,废弃矿山生态修复模式主要有农业用地模式、建设用地模式、生态景观模式、自然封育模式等(张进德 等,2020)。结合"两山"理论,废弃矿山生态修复模式可以分为双复模式(即复垦复绿,恢复成耕地、林地)、景观模式(即建设矿山公园、地质公园、湿地公园)、产业模式(即植入产业,产生良好的社会、生态、经济效益)(张桦,2019)。根据产业融合发展思路,相关学者提出了矿山生态修复+模式,即在废弃矿山地质灾害治理、土地复垦的基础上,调动社会资本参与投入,推行市场化运作,构建矿山生态修复+土地指标流转模型、矿山生态修复+生态农业模型、矿山生态修复+旅游模型、矿山生态修复+康养模式、矿山生态修复+光伏模式、矿山生态修复+房地产开发模式等(刘慧芳 等,2021)。

(3)废弃矿山生态修复进展。自 2000 年以来,中央财政投入矿山地质环境治理专项资金,重点针对废弃无主矿山、矿产资源枯竭型城市、矿产资源集中连片开采区开展矿山环境治理和生态修复工作。截至 2015 年,累计投入资金约 318 亿元,完成矿山环境治理与生态修复面积约 2.0×10^5 hm^2,治理矿山崩塌、滑坡、泥石流等地质灾害 4916 处,治理修复矿山数量 1773 个,38 个资源枯竭城市的矿山环境得到初步治理,33 片矿产资源集中开采区域生态环境得到修复和改善(张进德 等,2020)。

随着黄河流域生态保护和高质量发展上升为国家战略,国家对渭河平原矿山生态修复的支持力度不断加大。王雁林等(2020)对渭河平原上 4 个县区露天废弃矿山区域生态修复类型进行评价,提出要从多个角度认识废弃露天矿山并构建新的废弃露天矿山生态修复路径。一是从资源角度,将废弃露天矿山作为一种特殊的可利用资源进行挖掘开发,摒弃以往简单地填埋治理、机械性地完成治理任务的做法;二是从整体角度,将废弃露天矿山综合治理与周边资源开发作为一个统一整体,统筹考虑,避免调查治理单一化;三是从统筹角度,将矿山生态修复与乡村振兴、全域旅游等结合起来,分类恢复废弃矿山,使废弃矿山生态修复更有针对性。

2006 年,北京市政府批准实施了北京山区关停废弃矿山试点工程建设项目,对煤矿、采石场、石灰场三种类型的关停废弃矿山生态修复技术进行了试点工程建设，其生态修复技术体系主要包括工程技术体系、管理体系、政策体系等（李金海 等，2009）。

（4）存在的问题及对策。我国废弃矿山数量众多、问题复杂，受投入资金和治理修复理论限制，以往的治理修复工作对于废弃矿山的生态环境改善发挥了一定的作用，但区域性的总体效果仍不明显。究其原因包括四个方面：一是矿山环境治理与生态修复工作缺乏区域生态系统完整性考虑；二是治理修复之前对矿区的生态系统类型构成和特征、主要生态环境问题的底数不清，生态修复的针对性不强；三是治理修复的重点区域和解决的关键问题不突出，对于采矿活动影响国家生态安全格局的区域和工程实施能否系统解决区域性生态问题等缺少总体考虑和顶层设计；四是废弃矿山治理和生态修复的技术方法和理念还有待提高（张进德 等，2020）。

本章主要参考文献

卞正富，于昊辰，雷少刚，等，2021. 黄河流域煤炭资源开发战略研判与生态修复策略思考[J]. 煤炭学报，46(5)：1378－1391.

常春勤，2015. 工矿废弃地旅游景观重建动态过程及其效应研究[D]. 河南：河南理工大学.

陈晶，余振国，孙晓玲，等，2020. 基于山水林田湖草统筹视角的矿山生态损害及生态修复指标研究[J]. 环境保护，48(12)：58－63.

程静霞，聂小军，刘昌华，2014. 煤炭开采沉陷区土壤有机碳空间变化[J]. 煤炭学报，39(12)：2495－2500.

董高峰，高忠咏，崔志勇，等，2011. 青海省矿山地质环境治理模式的初步探讨[C]//中国地质学会 2011 年学术年会论文集.

范立民，吴群英，彭捷，等，2021. 黄河中游大型煤炭基地地质环境监测思路和方法[J]. 煤炭学报，46(5)：1417－1427.

方星，郭厚军，朱洪，等，2019. 矿山生态修复理论与实践[M]. 北京：地质出版社.

关军洪，郝培尧，董丽，等，2017. 矿山废弃地生态修复研究进展[J]. 生态科学，36(2)：193－200.

国土资源部,2011. 土地复垦方案编制规程 第1部分:通则:TD/T 1031.1—2011[S].

国土资源部,2016.矿山地质环境保护与土地复垦方案编制指南[S].

国土资源部,2016.矿山土地复垦基础信息调查规程:TD/T 1049—2016[S].

河南省自然资源厅,2020.矿山土地复垦土壤环境调查技术规范:DB 41/T 1981—2020[S].

胡振琪,2019. 我国土地复垦与生态修复30年:回顾、反思与展望[J]. 煤炭科学技术,47(1):25-35.

胡振琪,袁冬竹,2021. 黄河下游平原煤矿区采煤塌陷地治理的若干基本问题研究[J]. 煤炭学报,46(5):1392-1403.

康世勇,2020. 神东2亿t煤都荒漠化生态环境修复零缺陷建设绿色矿区技术[J]. 能源科技,18(1):18-24.

李成,孙魁,彭捷,等,2020. 矿山地质环境开发式治理模式研究[J]. 灾害学,35(4):77-84.

李聪聪,王佟,王辉,等,2021. 木里煤田聚乎更矿区生态环境修复监测技术与方法[J]. 煤炭学报,46(5):1451-1462.

李金海,张国祯,2009. 北京山区关停废弃矿山现状及典型生态修复模式[C].全国水土保持生态修复学术研讨会论文集.

李晶,ZIPPER C E,李松,等,2015. 基于时序NDVI的露天煤矿区土地损毁与复垦过程特征分析[J]. 农业工程学报(16):251-257.

刘慧芳,王志高,谢金亮,等,2021. 历史遗留废弃矿山生态修复与综合开发利用模式探讨[J]. 有色冶金节能,37(2):4-6,15.

刘欣,2013. 生态文明建设背景下矿山环境保护与治理[J]. 环境保护,41(19):41-42.

宁夏回族自治区市场监督管理局,2020.宁夏矿山地质灾害无人机机载激光雷达监测技术规程:DB64/T 1699—2020 [S].

彭建兵,兰恒星,钱会,等,2020.宜居黄河科学构想[J].工程地质学报,28(2):189-201.

彭苏萍,毕银丽,2020. 黄河流域煤矿区生态环境修复关键技术与战略思考[J]. 煤炭学报,45(4):1211-1221.

阮淑娴,2014. 中德采煤废弃地土壤环境及其生态环境修复条件差异研究:以中国大通矿区和德国 Osnabrueck 为例[D]. 安徽:安徽理工大学.

山西省环境保护厅,2011. 山西省煤炭矿山生态环境状况评价技术规范(暂行):DB14/TXX—2011 [S].

生态环境部,2021. “十四五”省级矿产资源总体规划环境影响评价技术要点(试行)[S].

孙晓玲,韦宝玺,2020. 废弃矿山生态修复模式探讨[J]. 环境生态学,2(10):55-58,63.

王丹丹,2020. 基于生态文明理论的矿山生态修复实践[J]. 城市地质,15(3):283-287.

王红梅,2020. 基于层次分析法的煤矿矿山生态环境评价定量模型研究[J]. 中国矿业,29(07):70-75.

王柳松,佘延双,2010. 国外煤炭循环经济发展对我国的启示[J]. 资源与产业,12(z1):143-146.

王美仙,贺然,董丽,等,2015. 美国矿山废弃地生态修复案例研究[J]. 建筑与文化(12):99-101.

王佟,杜斌,李聪聪,等,2021. 高原高寒煤矿区生态环境修复治理模式与关键技术[J]. 煤炭学报,46(1):230-244.

王雁林,陈沛,赵永华,等,2020. 渭河平原废弃露天矿山区域生态修复路径探讨[J]. 国土资源情报(2):20-26.

严家平,徐良骥,阮淑娴,等,2015. 中德矿山环境修复条件比较研究:以德国奥斯那不吕克 Piesberg 和中国淮南大通矿为例[J]. 中国煤炭地质(11):22-26.

杨永均,PETER E,陈浮,等,2020. 澳大利亚矿山生态修复制度及其改革与启示[J]. 国土资源情报(2):43-48.

张桦,2019. 激活生态生产力:废弃矿山生态修复模式透视[N]. 中国自然资源报,2019-01-05(005).

张进德,郗富瑞,2020. 我国废弃矿山生态修复研究[J]. 生态学报,40(21):7921-7930.

张睿,江钦辉,2014. 美国矿山生态环境治理修复法律制度及对新疆的启示[J]. 喀什师范学院学报(4):25-28.
郑娟尔,孙贵尚,余振国,等,2012. 加拿大矿山环境管理制度及矿产资源开发的环境代价研究[J]. 中国矿业,21(11):62-65.
中国地质调查局,2014. 矿山地质环境调查评价规范:DD 2014-05[S].
周妍,罗明,周旭,等,2017. 工矿废弃地复垦土地跟踪监测方案制定方法与实证研究[J]. 农业工程学报,33(12):240-248.
自然资源部,2022. 矿山环境遥感监测技术规范:DZ/T 0392—2022[S].
自然资源部,2022. 矿山生态修复技术规范 第1部分:通则:TD/T 1070.1—2022[S].

第2章　矿山生态环境调查内容及要求

根据《矿山生态环境保护与恢复治理方案（规划）编制规范（试行）》（HJ 652—2013），矿山生态环境是指矿区内生态系统和环境系统的整体，包括地表植被与景观、生物多样性、大气环境、水环境、声环境、土壤环境、地质环境等。下面结合矿山生态修复领域相关技术规程，介绍矿山生态环境调查的内容及要求。

2.1　矿区土地调查

2.1.1　土地调查要求

《土地复垦方案编制规程 第1部分：通则》（TD/T 1031.1—2011）提出了土地调查的相关要求：

（1）调查项目区土地利用类型、数量和质量。

（2）调查项目区已损毁土地的损毁类型、范围、面积及程度等。

（3）分时段和区段预测土地损毁的方式、面积、程度等。

（4）分析预测土地损毁对复垦区及周围环境土壤资源、水资源、生物资源等可能产生的影响。

（5）根据损毁土地的分析和预测结果，进行土地复垦适宜性评价。

2.1.2　调查方法

1. 精度要求

服务于矿山土地复垦方案编制的成图比例尺应不低于1∶10000；服务于矿山土地复垦方案实施的成图比例尺应不低于1∶5000，其中露天采场、场站等重点区域的成图比例尺应不低于 1：2000，平面坐标系统采用 2000 国家大地坐标系，高程系统采用 1985 国家高程基准。

2. 项目区土地利用现状调查

1）土地利用现状类型、数量、空间分布

以现有的当地土地利用现状图为基础图件，参考生产建设项目批复的矿区拐点坐标，并结合现场考察，划出矿区范围；对矿区范围内的各土地利用类型、面积、空间分布情况进行核实、计算、汇总。分类体系采用《土地利用现状分类》(GB/T 21010—2017)，明确至二级地类，同时绘制与其信息一致的土地利用现状图；对土地利用变化较大或土地利用现状图更新较落后的复垦区应结合地面调查、遥感影像调查等方法进行补充说明。

2）各类型土地的质量状况

结合土壤调查数据和典型的土壤剖面图，对不同利用类型土地的质量情况如有机质含量、pH 值、表土层厚度等进行描述。

3. 已损毁土地调查

1）挖损土地

以单个挖损场地为调查单元，调查损毁土地位置、权属、时间、面积、平台宽度、边坡高度、边坡坡度、积水面积、积水最大深度、植被生长情况、土壤特征、是否继续损毁等。

2）塌陷土地

根据塌陷土地范围，结合村级行政界线、自然界线、土地利用类型、积水情况等划分调查单元，调查塌陷土地位置、权属、时间、面积、塌陷最大深度、坡度、积水面积、积水最大深度、水质、塌陷坑直径、塌陷坑深度、土地利用状况、裂缝宽度、裂缝长度、裂缝水平分布、土壤特征、是否继续塌陷等。

3）压占土地

以单个压占场地或单条压占线路为调查单元，调查塌陷土地位置、权属、时间、面积、压占物类型、压占物高度、平台宽度、边坡高度、边坡坡度、植被生长情况、是否继续压占等。

4)其他损毁土地

参照以上指标并结合土地自身特点选择相应的调查指标进行调查，其中污染土地调查应参考环境影响评价报告、环保验收结论等。

4. 已复垦土地调查

1)调查范围

根据已复垦土地的复垦方案、阶段实施方案、年度实施方案及验收材料等确定。

2)调查单元划分

根据已复垦土地调查范围，结合复垦后的土地利用类型、复垦时间、复垦位置、复垦措施等划分调查单元。

3)调查内容

(1)复垦为耕地、园地、林地、草地的土地调查。

①基本情况调查：包括位置、权属、复垦面积、损毁时间、复垦时间、复垦措施、复垦成本、验收时间、验收文件编号、是否继续损毁及损毁类型、是否有外来土源等；

②地形调查：包括地面坡度、平整度；

③土壤质量调查：包括有效土层厚度、土壤容重、土壤质地、砾石含量、土壤 pH、土壤有机质含量等；

④生产力水平调查：包括种植植物的种类及其单位面积产量、覆盖度、郁闭度、定植密度等；

⑤配套设施调查：包括灌溉、排水、道路、林网等。

(2)复垦为渔业或人工水域和公园的土地调查。

复垦为渔业或人工水域和公园的土地调查：包括位置、权属、复垦面积、损毁时间、复垦时间、复垦措施、复垦成本、验收时间、验收单位、验收文件编号、是否继续损毁及损毁类型、是否有外来土源、鱼塘的规格、单位面积产量、水体质量、防洪、排水等。

(3)复垦为建设用地的土地调查。

复垦为建设用地的土地调查：包括位置、权属、复垦面积、损毁时间、复垦时间、复垦措施、复垦成本、验收时间、验收单位、验收文件编号、是否继续损毁及损毁类型、是否有外来土源、平整度、防洪等。

5. 拟损毁土地调查

1)损毁范围预测

结合生产(建设)工艺及流程,分析生产建设过程中对土地损毁的形式、环节及时序,确定土地损毁的范围。

2)调查单元划分

根据土地损毁预测的结果,确定损毁土地调查范围,结合土地利用类型、土壤类型、村级行政界线等划分调查单元,典型调查单元应涵盖不同的土壤类型、土地利用类型。

3)土地利用状况调查

土地利用状况调查:包括拟损毁土地位置、权属、面积、拟损毁时间、现状利用类型、主要植被类型、生产力水平和土壤特征等。其中,生产力水平是指种植植物的实际产量或生物量,包括实际产量、复种指数、覆盖度、郁闭度、定植密度;土壤特征包括有效土层厚度、土壤质地、有机质含量以及土壤 pH 等。

4)拟损毁基础设施调查

(1)拟损毁道路设施调查:包括拟损毁时间及位置、宽度、路面材料等。

(2)拟损毁水利设施调查:包括拟损毁时间及拟损毁水利设施的类型、位置、规格及材料、长度(线状)、数量(非线状)等。

(3)拟损毁林网调查:包括拟损毁时间及拟损毁林网的位置、数量、类型、规格等。

(4)其他拟损毁基础设施调查:包括拟损毁时间,拟损毁电力和通信等设施的位置、等级、数量等。

2.1.3 土地评价

1. 土地利用现状评价

1) 土地利用结构和布局评价

土地利用结构和布局评价:①分析各类用地占项目区总面积的比

例;②项目区人均各类用地面积;③各类土地利用和地域分布状况,区位差异及产生这些差异的原因;④各类用地发展的制约因素和存在问题。

2)土地质量评价

参考当地的农用地分等定级成果及相关规程的技术要求分析项目区土地质量,也可以结合相关指标,分不同用地类型进行分析。

(1)耕地质量:从耕地的水土流失情况、坡度大小、洪涝等灾害、低产田数量和分布、耕地生产力水平和集约化程度等方面分析。

(2)林地质量:从林地结构、林种、蓄积量、生产率等方面分析。

(3)牧草地质量:从植被类型、产草量、草原退化程度、草原沙化程度等方面分析。

2. 土地损毁程度评价

结合对土地利用的影响进行土地损毁程度分级,分级应参考国家和地方相关部门规定的划分标准,也可结合类比确定。

3. 土地复垦效果评价

参考《土地复垦质量控制标准》(TD/T 1036—2013)对已复垦的土地进行评价,比如对复垦为耕地的土地,主要从地形、土壤质量、配套设施、生产力水平等几方面进行评价。

2.2 矿山地质环境调查

2.2.1 矿山地质环境调查要求

根据《矿山地质环境保护与恢复治理方案编制规范》(DZ/T 0223—2011),矿山地质调查主要包括下列内容:

(1)采矿活动引发的地面塌陷、地裂缝、崩塌、滑坡等地质灾害及其隐患,包括地质灾害的种类、分布、规模、发生时间、发育特征、成因、危险性大小、危害程度等。

(2)采矿活动对地形地貌景观、地质遗迹、人文景观等的影响和破坏情况。

(3)采矿活动对含水层的破坏,包括采矿活动引起的含水层破坏范围、规模、程度，及对生产生活用水的影响等。

(4)采矿活动对土地资源的影响和破坏，包括压占、毁损的土地类型及面积。

(5)采矿活动对主要交通干线、水利工程、村庄、工矿企业及其他各类建(构)筑物等的影响与破坏。

(6)已采取的防治措施和治理效果。

2.2.2　矿山地质环境调查方法

1. 精度要求

调查范围应包括矿山采矿登记范围和矿业活动明显影响到的区域。矿山地质环境调查比例尺不小于1∶50000。矿山地质环境问题集中发育区、危害程度较严重以上的区域，调查比例尺应不小于1∶10000。

2. 地质灾害

1)崩塌

调查矿业活动直接产生或加剧的崩塌发生的时间、地点、规模、致灾程度、形成原因、处置情况等；高陡的矿山工业场地边坡、山区道路边坡、露天采矿场边坡、采空区山体边部等可能产生崩塌的危岩体特征、致灾范围、威胁对象、潜在危害及防治措施等。

2)滑坡

调查矿业活动已造成的滑坡发生的时间、地点、规模、致灾程度、形成原因、处置情况等；高陡的矿山工业场地边坡、山区道路边坡、露天采矿场边坡、采空区山体边部、高陡废渣石堆及排土场等；可能产生滑坡的斜坡体特征、致灾范围、威胁对象、潜在危害程度及防治措施等。

3)泥石流

调查矿业活动导致的泥石流的发生时间、地点、规模、致灾程度、触发因素、处置情况等；潜在泥石流物源的类型、规模、形态特征及占据行洪通道程度等；泥石流沟的沟谷形态特征，可能致灾范围、威胁对象、潜在危害程度及防治措施等。

4)地面塌陷(地裂缝)

调查矿山地面塌陷(地裂缝)的发生时间、地点、规模、形态特征、影响范围、危害对象、致灾程度、处置情况等;采空区的形成时间、地点、形态、范围、可能的影响范围、威胁对象、防治措施等。

3. 含水层破坏

调查矿床水文地质类型、特征、空间分布等;矿山开采对主要含水层影响的范围、方式、程度等;含水层破坏范围内地下水位、泉水流量、水源地供水变化情况等;矿坑排水量、疏排水去向及综合利用量等;含水层破坏的防治措施及成效。

4. 地形地貌景观破坏

调查矿山地形地貌景观类型及特征,重要的地质遗迹类型及其分布,县级以上的风景旅游区及其范围;露天开采、矿山固体废弃物堆场、地面塌陷等造成矿区地形地貌改变与破坏的位置、方式、范围及程度;地形地貌景观破坏对城市、自然保护区、重要地质遗迹、人文景观及主要交通干线的影响;地形地貌景观恢复治理的措施及成效。

5. 土地资源破坏

调查区土地类型、分布及利用状况;固体废弃物堆场占用、露天采场、地面塌陷(地裂缝)、崩塌滑坡泥石流堆积物破坏的土地类型、位置、面积、时间等;调查区废弃土地复垦的面积、范围、措施及成效。

6. 水土环境污染

调查地下水中矿业活动特征污染物的种类、污染程度、污染范围及污染途径等。调查矿业活动特征污染物(重金属、酸性水)造成土壤污染的范围、主要污染物及污染途径等;调查矿山土壤污染的面积、范围、措施及成效。

2.2.3 矿山地质环境影响评价

1. 矿山地质灾害评价

1)矿山崩塌、滑坡评价

以崩塌、滑坡堆积体的体积确定其规模等级;以崩塌、滑坡造成的人员死亡或直接经济损失，评价崩塌、滑坡的灾情等级；以崩塌、滑坡隐患威胁的人数或直接经济损失，评价其危害程度的等级。

2）矿山泥石流评价

以一次泥石流堆积扇的体积判定泥石流规模；以一次泥石流造成的死亡人数或直接经济损失，评价泥石流灾情等级；以泥石流隐患威胁的人数或直接经济损失，评价泥石流的危害程度等级。评价泥石流隐患沟危险性的大小，采用指标加权法计算。

3）矿山地面塌陷（地裂缝）评价

依据地面塌陷面积或地裂缝的长度或影响宽度，评价地面塌陷、地裂缝的规模；依据地面塌陷（地裂缝）造成的人员死亡或直接经济损失，评价地面塌陷（地裂缝）的灾情等级；以采空区潜在的地面塌陷（地裂缝）威胁的人数或直接经济损失，预测评价地面塌陷（地裂缝）危害程度等级。

2. 含水层破坏评价

含水层破坏包括含水层结构改变、地下水位下降、水量减少或疏干、水质恶化等现象。

1）含水层结构破坏评价

依据调查区主要含水层的疏干程度、地下水位下降、泉水流量变化、地下水污染程度及对水源地供水的影响，综合评价含水层破坏的程度。

2）地下水污染评价

依据矿业活动的特征污染物，结合矿区地下水功能分区，依据污染物限值标准，评价矿业活动对地下水水质的污染程度；或以矿业开发前或对照区地下水相应污染物的平均值，对比评价矿业活动对地下水的影响程度。

3. 地形地貌景观破坏评价

地形地貌景观破坏是指矿产资源开采活动改变了原有的地形地貌特征，造成山体破损、岩石裸露、植被破坏等现象。地形地貌景观破坏评价等级分为严重、较严重和较轻三级。

（1）严重等级：对原生的地形地貌景观影响和破坏程度大；对各类自

然保护区、人文景观、风景旅游区、城市周围、主要交通干线两侧可视范围内地形地貌景观影响严重；地形地貌景观破坏率大于40%。

(2)较严重等级：对原生的地形地貌景观影响和破坏程度较大；对各类自然保护区、人文景观、风景旅游区、城市周围、主要交通干线两侧可视范围内地形地貌景观影响较严重；地形地貌景观破坏率为20%～40%。

(3)较轻等级：对原生的地形地貌景观影响和破坏程度较小；对各类自然保护区、人文景观、风景旅游区、城市周围、主要交通干线两侧可视范围内地形地貌景观影响较小；地形地貌景观破坏率小于20%。

4. 土地资源破坏评价

1)土地资源破坏评价

土地资源破坏表现为露天开采剥离挖损土地、矿山固体废弃物占压土地、矿区地面塌陷(地裂缝)破坏土地、崩塌滑坡泥石流堆积区毁损土地的类型和数量，可将其划分为严重、较严重和较轻三级。

2)土壤污染评价

土壤污染评价包括土壤环境质量评价和土壤累积影响评价。依据调查区土壤环境功能区划，结合土壤pH、水旱地及农作物种植种类，评价矿区土壤重金属的污染程度。采用地质条件相似的邻区土壤重金属平均值评价矿业活动土壤重金属的累积程度。依据调查矿区的特征污染物种类，可增减评价的重金属元素。

土壤环境质量评价方法有单项污染指数、单项污染超标倍数、土壤综合污染指数等。

2.3 矿山土地复垦土壤环境调查

2.3.1 土壤调查要求

(1)《土地复垦方案编制规程 第1部分：通则》(TD/T 1031.1—2011)中关于土壤调查的要求如下：

①调查项目区的主要土壤类型及其地带性分布特征。

②结合典型土壤剖面图说明耕地、林地、草地等不同土地利用类型

的表土层厚度以及有机质含量、pH 值等主要理化性质。

(2)《矿山土地复垦土壤环境调查技术规范》(DB41/T 1981—2020)中关于土壤调查的要求：调查矿山土地复垦工程实施前复垦责任范围内土壤污染状况和竣工后复垦为耕地的土壤环境质量。

(3)《矿山地质环境保护与恢复治理方案编制规范》(DZ/T 0223—2011)中关于土壤调查的要求：调查矿业活动特征污染物(重金属、酸性水)造成土壤污染的范围、主要污染物及污染途径等；调查土壤污染的面积、范围、措施及成效。

2.3.2　土壤调查

1. 土壤分布调查

土壤分布调查主要是调查矿山土壤类型随地理位置、地形高度变化的规律，即土壤的水平分布和垂直分布规律。土壤分布调查，既要进行成土因素的调查与研究，包括气候、地形、土壤母质、植物、水文地质、生产活动情况等，还要对土壤剖面形态进行观察记载，采取代表性土样，送有资质的实验室进行分析化验。

2. 土壤污染调查

1)调查程序

矿山土壤污染调查一般程序包括初步调查、详细调查、风险评估 3 个阶段。由于土壤污染的复杂性和隐蔽性，一次性调查不能满足本阶段调查要求的，则需要继续补充调查直至满足要求。

(1)初步调查：包括资料收集、现场踏勘、人员访谈、信息整理及分析、初步采样布点方案制定、现场采样、样品检测、数据分析与评估、调查报告编制等。

(2)详细调查：包括详细调查采样布点方案制定、水文地质调查、现场采样、样品检测、数据分析与评估、调查报告编制等。

(3)风险评估：主要工作程序包括危害识别、暴露评估、毒性评估、风险表征、风险控制值计算等。

2)调查要点

(1)调查范围。调查范围原则上为疑似污染地块的边界范围内，可根据实际情况扩大到地块边界以外。

(2)检测点布设。布点数量应当综合考虑代表性和经济可行性原则。鉴于具体地块的差异性,布点的位置和数量应当主要基于专业的判断。布点的位置和数量原则上如下:

①初步调查阶段:地块面积≤5000 m^2,土壤采样点位数不少于3个;地块面积>5000 m^2,土壤采样点位数不少于6个,并可根据实际情况酌情增加。

②详细调查阶段:对于根据污染识别和初步调查筛选的涉嫌污染的区域,土壤采样点位数每400 m^2不少于1个,其他区域每1600 m^2不少于1个。

③污染历史复杂或信息缺失严重的、水文地质条件复杂的等情况,可根据实际情况加密布点。

(3)样品采集。检测点垂直方向根据污染源的迁移、地层结构以及水文地质条件等因素进行综合判断,原则上每个检测点在3个不同深度采集土壤样品。采样深度应扣除地表非土壤硬化层厚度,原则上应采集0~0.5 m表层土壤样品,0.5 m以下深层土壤样品根据判断布点法采集。不同性质土层至少采集一个土壤样品;同一性质土层厚度较大或出现明显污染痕迹时,根据实际情况在该层位增加采样点。如复垦责任范围地下水埋深较浅(<3 m),至少采集2个土壤样品。

(4)土壤污染物的检测项目。土壤中污染物的检测项目原则上应当根据保守原则确定。疑似污染地块内可能存在的污染物及其在环境中转化或降解产物均应当考虑纳入检测范畴。

2.3.3 土壤污染评价

1)超标评价

农用地土壤超标评价应通过统计分析给出样本数量、最大值、最小值、均值、标准差、超标率等。

2)累积性评价

比较单一污染物累积程度采用单项污染累积指数评价,比较多种污染物累积程度采用多项污染累积指数评价。

3)污染面积计算

在土壤监测点位分布矢量图基础上,选用 Kriging 插值法、反距离权重法、样条函数插值法等空间插值的方法将其转换为栅格图,并根据污染物浓度分布制作分层设色图和等值线图,计算并导出土壤超标面积。

2.4　矿山植被调查

2.4.1　植被调查要求

《土地复垦方案编制规程 第1部分:通则》(TD/T 1031.1—2011)中关于植被调查的要求如下:调查项目区所在地的天然植被和人工植被。天然植被包括地带性植物群落类型、组成、结构、分布、覆盖度(郁闭度)和高度等;人工植被包括当地栽植的乔木林、灌木林、人工草地及农作物类型等。

2.4.2　植被调查方法

1. 样方选取

当前植被群落生态学调查中应用较多的主要有样方法(或样圆法)、样带法、样线法。

1)样方法

在不同高度、不同坡向选择典型地段设置若干个样方,其数目多少随群落大小和调查人力情况而定,一般为 5～10 个;样方面积,森林一般为 400 m^2,灌丛一般为 50 m^2,草坡一般为 5 m^2。

2)样带法

样带的宽度在不同群落中是不同的,在草原地区一般为 10～20 cm,灌木林一般为 1～5 m,森林一般为 10～30 m。

3)样线法

样线长度一般不短于 50 m,样线数目不少于 5 条(要在不同高度、不同坡向设立样线）。

2. 植被群落主要特征指标测定

1）植被盖度

植被盖度指植物群落总体或各个体的地上部分的垂直投影面积与样方面积之比的百分数，又称为投影盖度。它反映植被的茂密程度和植物进行光合作用面积的大小。地表实测方法有目估法、采样法、仪器法、模型法。

2）郁闭度

郁闭度指单位面积上林冠覆盖林地面积与林地总面积之比，反映森林中乔木树冠遮蔽地面的程度。它是反映林分密度的指标，以十分数表示，取值范围为0.1～1.0。

3）胸径与基径的测量

胸径指树木的胸高直径，大约为距地面1.3 m处的树干直径。基径是指树干基部的直径，一般树干基径的测定位置是距地面30 cm处。测量时，用轮尺或钢尺测两个数值后取其平均值。

4）冠幅、冠径和丛径的测定

冠幅指树冠的幅度，专用于乔木调查时树木的测量。测量冠幅时，用皮尺通过树干在树下量树冠投影的长度，然后再量树下与长度垂直投影的宽度。冠径和丛径用于灌木层和草本层的调查。冠径指植冠的直径，用于不成丛单株散生的植物种类，测量时以植物种为单位，测量一般植冠和最大植冠的直径。丛径指植物成丛生长的植冠直径，在矮小灌木和草本植物中，各种丛生的情况较常见，故可以丛为单位，测量共同种各丛的一般丛径和最大丛径。

2.5 矿山生态环境评价

本节根据《山西省煤炭矿山生态环境状况评价技术规范（暂行）》的相关要求进行介绍。

2.5.1　评价指标的分类

矿山生态环境状况评价指标分为环境状况指标和生态功能指标两类。环境状况指标主要参考《国家重点生态功能区县域生态环境质量考核办法》进行选取，并结合煤炭行业特点，最终确定环境状况指标包括污染负荷指数、环境质量指数和综合利用指数等。该指标用于评价煤炭开采对环境的污染和清洁生产实施程度。

生态功能指标主要参考《生态环境状况评价技术规范》(HJ 192—2015)进行选取，并增加煤炭生态环境破坏相关指标，最终确定生态功能指标包括生物丰度指数、植被覆盖指数、地质环境指数、土地退化指数等。该指标用于评价煤炭开采对区域生态环境的植被、地质破坏等问题。

2.5.2　评价方法的确定

参考《生态环境状况评价技术规范》(HJ 192—2015)中的评价方法，在此采用综合评价法来进行矿山生态环境状况评价。

根据矿山生态环境状况综合指数，将矿山生态环境分为五级，即优、良、一般、较差、差。

矿山生态环境状况变化幅度为现状值和基准值的差值，矿山生态环境状况变化幅度可分为四级，即无明显变化、略有变化、明显变化、显著变化。

2.6　矿山环境遥感监测

2022年7月，自然资源部发布的《矿山环境遥感监测技术规范》(DZ/T 0392—2022)提出，矿山环境遥感监测的目标任务是根据采矿权分布情况，通过采矿损毁土地和矿山生态修复等的遥感监测、实地核查，获取矿山环境现状及变化客观基础数据，为实施国土空间生态保护修复等提供基础信息和技术支撑。

2.6.1 工作内容

1. 采矿损毁土地遥感监测

(1)基本查明采矿损毁土地、工业广场及其他永久建设占用土地的分布情况。利用最新时相的监测底图,查明矿山开采方式(露天、地下、联合)、矿山开采状态(开采、停产、关闭/废弃)和挖损土地、压占土地、塌陷土地、工业广场等的位置、规模等。

(2)基本查明采矿损毁土地、工业广场及其他永久建设占用土地的变化情况。利用两期(最新时相、基准期)监测底图,查清矿山开采方式、矿山开采状态的变化情况和挖损土地、压占土地、塌陷土地、工业广场等的变化情况,结合实地核查,圈定新增采矿损毁土地图斑。

2. 矿山生态修复遥感监测

(1)基本查明矿山生态修复情况。利用最新时相监测底图,查明已经完成的矿山生态修复土地类型、面积等。

(2)基本查明新增的矿山生态修复土地分布情况。利用两期(最新时相、基准期)监测底图,查明新增矿山生态修复土地类型及面积、修复前的矿山地物类型或土地类型及面积等,圈定新增的矿山生态修复土地图斑。

(3)基本查明矿山生态修复工程/项目进展情况。利用两期(最新时相、基准期)监测底图,查明已经完成/正在开展的矿山生态修复土地类型及面积、修复前的矿山地物类型或土地类型及面积;初步评估矿山生态修复工程的进展情况和治理效果。

2.6.2 信息提取

1. 监测底图生产

(1)针对不同的工作目的和工作内容,选用时相合适的航天、航空遥感图像、数据。航天、航空遥感图像一般应无云覆盖、无云影,影像清晰、反差适中,像片内部和相邻像片间无明显偏光、偏色现象。1∶50000 工作区应选择空间分辨率优于 2.5 m 的遥感数据;1∶10000 工作区应选择空间分辨率优于 1 m 的遥感数据。同时,应使用雷达数据开展井工开采矿区的地面塌陷监测工作。光学遥感数据难以获取的地区可以采用雷达数据。

(2)监测底图生产工作按照《遥感影像地图制作规范(1∶50000/1∶250000)》(DZ/T 0265—2014)执行。坐标系统采用2000国家大地坐标系;高程基准采用1985国家高程基准;监测底图的投影采用高斯-克吕格投影;同时应保持原始影像数据的最优分辨率。

2. 提取内容

1)采矿损毁土地

(1)以监测期内合成孔径雷达干涉(InSAR)监测图为基础,圈定正在沉降的采空塌陷区;套合同期全分辨率监测底图,提取塌陷土地(连续分布的塌陷区、塌陷坑、塌陷槽及伴生地裂缝影响区)信息,结合挖损土地、压占土地、采矿权等信息,判定其归属。

(2)结合采矿权数据和矿山开采状况信息,按生产矿山、采矿权过期未注销矿山、历史遗留矿山、有责任主体的废弃矿山,对挖损土地、压占土地、塌陷土地、工业广场及其他永久建设占用土地等信息进行判释、归类。

(3)利用两期(最新时相、基准期)监测底图、InSAR监测图,在基准期解译成果基础上,提取挖损土地、压占土地、塌陷土地、工业广场等的变化情况信息,圈定新增的采矿损毁土地图斑。

2)矿山生态修复土地

(1)利用监测期内最新时相的全分辨率监测底图,提取矿山生态修复土地信息,包括已开展或已完成的修复治理区域面积、修复后的土地类型及面积等信息。

(2)通过两期(最新时相、基准期)监测底图的对比,提取矿山生态修复土地的变化信息,包括新增的矿山生态修复土地面积、修复前的矿山地物类型或土地类型及面积、修复后的土地类型及面积和修复治理效果等;圈定新增的矿山生态修复土地图斑。

(3)利用两期(最新时相、基准期)监测底图,提取矿山生态修复工程/项目进展情况信息,包括新增的矿山生态修复土地面积、修复前的矿山地物类型或土地类型及面积、修复后的土地类型及面积。

3. 提取方法和要求

(1)采用计算机自动提取和人机交互解译相结合的方式,在原始分辨率监测底图上解译。

(2)在 InSAR 监测成果基础上,提取地表形变区分布信息;叠合同期监测底图,提取以塌陷坑、地裂缝集中区为主的塌陷土地信息。

第3章　空-天-地多尺度矿山生态环境监测

3.1　基于卫星遥感的矿山生态环境监测

3.1.1　荒漠化矿区生态环境监测

1. 概述

随着我国能源战略西移，西部荒漠化地区正成为重要的煤炭生产基地。矿产资源开采不可避免地会对生态环境造成影响，制约了区域生态文明的建设。快速准确地获取生态环境信息，为绿色矿山建设提供数据支撑，成为当前迫切需要解决的关键问题之一。近年来，遥感技术的发展为矿区生态环境监测提供了便捷有效的工具。马雄德等(2016)采用1989、2002、2011年3期TM遥感数据，分析了榆神府矿区土地荒漠化现状及动态变化，探讨了人类活动和气候因素对矿区土地荒漠化发展变化的影响。Liu等(2019)基于Sen＋Mann－Kendall方法，提取了矿区2006—2015年的NDVI指数，研究了荒漠化地区采矿活动对植被的影响。Shao等(2010)基于MODIS和TM影像数据，分析了矿区1978—2005年的NDVI变化情况。刘雪冉等(2017)基于2000、2005和2010年的3期Landsat 4/5 TM遥感影像，分析荒漠化地区土地覆盖空间分布格局及时空变化趋势。伍超群等(2020)以Landsat影像为数据源，基于像元二分模型估算木里矿区1990—2016年植被覆盖度，监测其动态变化及时空发展规律。徐轩等(2019)采用Landsat数据分析新疆五彩湾矿区及周边荒漠植被的时空变化特征，并定量分析矿区植被长势对气候变化、矿区扩张的响应。Kamga等（2020）利用1987—2017年的

Landsat 影像分析矿区开采对土地利用/覆盖的影响。

已有研究成果多基于 Landsat 及 MODIS 等遥感数据，受制于卫星影像的时空分辨率，监测应用受到一定的影响。欧洲航天局于 2015 年和 2017 年发射的 Sentinel－2A 和 Sentinel－2B 多光谱遥感卫星具有空间分辨率为 10 m 的 3 个可见光波段和 1 个近红外波段，以及 60 m 和 20 m 的近红外和短波红外波段等共计 13 个波段，双轨卫星的同时运行，时间分辨率缩短至 5 d(赵龙辉 等，2019；王恒 等，2019；易秋香，2019；潘媛媛 等，2018)。Sentinel－2 较高的空间分辨率、光谱分辨率及时间分辨率为遥感卫星数据在荒漠化矿区遥感监测中的应用提供了更多的可能性。

本研究以榆神矿区内某大型煤矿为研究区域，以 2016 和 2019 年的 Sentinel－2 数据为基础，通过缨帽变换，构建基于多光谱遥感影像的生态环境指标体系和评价模型，对矿区生态环境质量进行监测和评价，为绿色矿山建设及区域生态文明提升提供指导(吴群英 等，2022)。

2. 研究区概况及数据预处理

1)研究区概况

研究区位于陕西省神木市西南部，毛乌素沙漠东南缘，干旱少雨，年蒸发量较大。地表大部分地域被第四系风积半固定沙丘和固定沙丘所覆盖，以风蚀风积沙漠丘陵地貌为主。矿区水系不发育，无地表河流，仅有一些海子，蓄水量随着季节的变化而变化。研究区主要植被群落类型为沙柳、油蒿所构成的灌丛和灌草丛，属典型的沙生植被。同时，在一些流动沙丘上分布有以一、二年生沙地先锋植物构成的植物群聚。在村落和农田附近，零星或成行栽培有旱柳、小叶杨等，作为人工固沙或防风之用。井田内延安组赋存有可采煤层 7 层，共划分为上、下 2 个煤组。上煤组含 3 层煤，含煤地层平均厚度 101. 11 m；下煤组含 4 层煤，含煤地层平均厚度 82. 73 m，煤组之间平均距离 63. 52 m。矿井采用缓坡斜井开拓，初期设计生产能力为 15. 00 Mt/a，服务年限为 72. 5 a，采用大采高综采一次采全高开采工艺。研究区 2016 年 6 月 8 日和 2019 年 6 月 8 日 Sentinel－2 影像如图 3－1 所示。

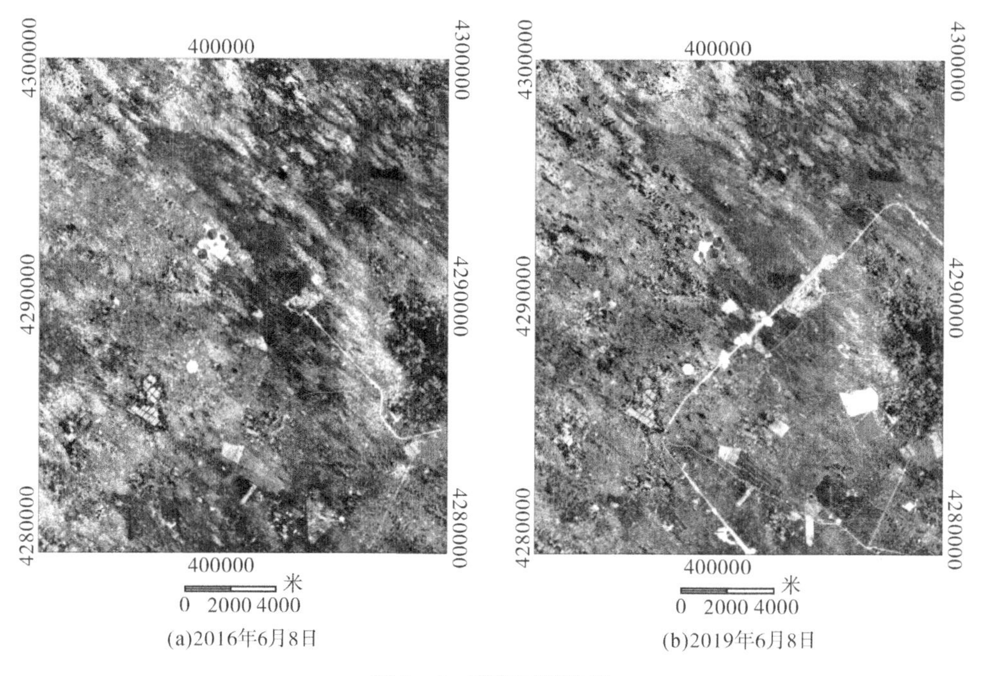

图 3-1　研究区影像图

2)数据源及其预处理

Sentinel-2 遥感影像来源于欧洲航天局的数据共享网站和中国的地理空间数据云网站。遥感数据为已经过辐射校正和几何校正处理的 Level-1C 产品。本研究采用 SNAP-Sen2Cor 软件对影像数据进行大气校正,获得地物真实反射率。利用 ENVI 5.5 进行波段重组,将 20 m 空间分辨率的短波红外数据通过三次卷积内插法重采样至 10 m 分辨率。根据矿区范围的包络矩形对影像进行裁剪。其他数据主要包括搜集的矿区地形地质图、DEM 数据和土地利用现状图。为了验证 Sentinel-2 的缨帽变换结果,将其与同期的 Landsat8 的缨帽变换结果进行对比分析,为后期多源数据联合监测提供参考。Landsat8 的成像时间为 2019 年 6 月 10 日,数据来源于中国科学院对地观测与数字地球科学中心。数据处理流程如图 3-2 所示。

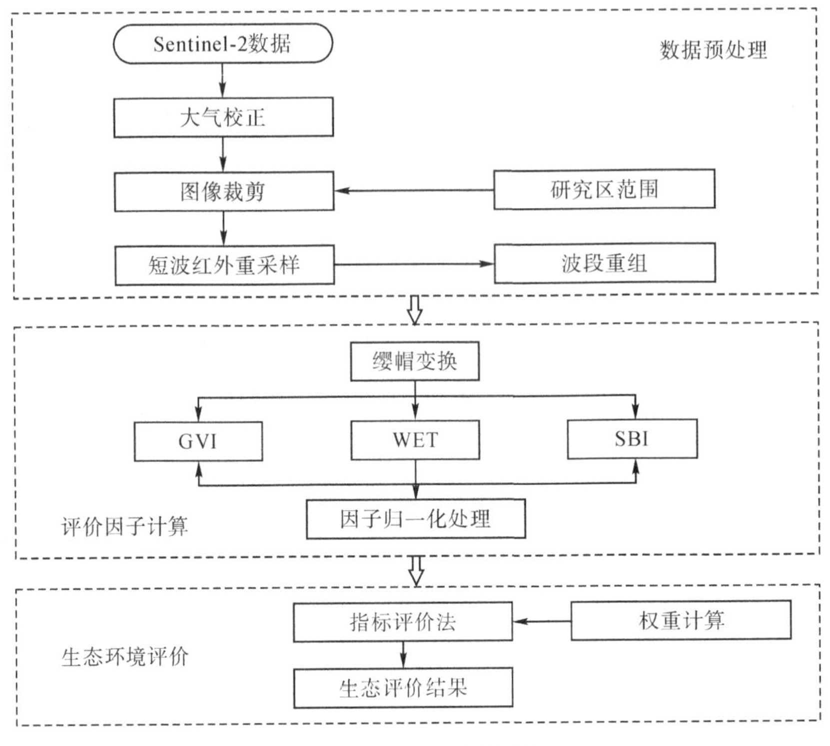

图 3-2　研究技术流程图

3. 研究方法

1）缨帽变换

缨帽变换（tasseled cap transformation）是根据多光谱遥感中土壤、植被等信息在多维光谱空间中的信息分布结构，对图像进行正交变换。变换后的主要分量为“土壤亮度（SBI）”“植被绿度（GVI）”和“湿度（WET）”，分别反映了土壤岩石、植被及土壤和植被中的水分信息，可应用于生态环境监测（陈超 等，2019；王帅 等，2018；刘英 等，2019；张洪敏 等，2018）。缨帽变换依赖于传感器本身的波段设置和特性，不同传感器的变换系数并不能通用，ENVI 5.5 版本提供了 Landsat 系列卫星的缨帽变换工具，暂无 Sentinel-2 的处理工具。本研究采用 Index DataBase 网站公布的 Tasseled Cap 公式，计算 Sentinel-2 数据的 SBI、GVI、WET 等分量，计算公式如下：

土壤亮度（SBI）＝0.3037×[450:520]＋0.2793×[520:600]＋

0.4743×[630:690]+0.5585×[760:900]+0.5082×[1550:1750]+0.1863×[2080:2350] (3-1)

植被绿度(GVI)=-0.2848×[450:520]-0.2435×[520:600]-0.5436×[630:690]+0.7243×[760:900]+0.0840×[1550:1750]-0.1800×[2080:2350] (3-2)

湿度(WET)=0.1509×[450:520]+0.1973×[520:600]+0.3279×[630:690]+0.3406×[760:900]-0.7112×[1550:1750]-0.4572×[2080:2350] (3-3)

式中,$[a:b]$中的 a, b 为波段范围,根据 Sentinel-2 的波段分布,分别对应的是 2、3、4、8、11、12 各波段的反射率。

然后,将计算结果与同期 Landsat8 的缨帽变换结果进行对比分析,研究结果的一致性。

2)综合指标

遥感生态指数(remote sensing based ecological index,RSEI)是基于遥感信息,集成反映生态环境最为直观的多重指标,可对区域生态环境进行快速监测与评价(李粉玲 等,2015;徐涵秋,2013)。本研究基于缨帽变换的结果,选择综合指数法构建 RSEI,然后利用自然断点法,将矿区生态环境质量划分为 5 个级别,分别为差、较差、中等、良和优,描述生态环境质量空间分布状况。具体过程如下:

(1)指标归一化处理。根据各指标值与生态环境的相关性,对其初始的计算结果采用相应方法进行归一化处理。

对于正相关指标,采用式(3-4)进行处理:

$$y_i=\frac{x_i-x_{\min}}{x_{\max}-x_{\min}} \tag{3-4}$$

对于负相关指标,采用式(3-5)进行处理:

$$y_i=1-\frac{x_i-x_{\min}}{x_{\max}-x_{\min}} \tag{3-5}$$

式中,y_i为归一化后的指标分值;x_i,$x_{\min}$,$x_{\max}$分别为指标的初始值、最小值和最大值。

(2)RSEI 计算。

利用式(3－6)的加权法计算 RSEI,即

$$RSEI = \sum_{i=1}^{3} w_i \times y_i \qquad (3-6)$$

式中,w_i为各评价指标权重;y_i为归一化后的指标分值。

3)权重的确定

利用德尔菲法确定各指标的权重,结果如表 3－1 所示。

表 3－1　评价指标权重表

因子	权重
植被绿度(GVI)	0.45
湿度(WET)	0.35
土壤亮度(SBI)	0.20

4. 结果分析

1)不同影像的缨帽变换结果对比分析

不同影像的缨帽变换结果如表 3－2 所示。

表 3－2　不同影像的缨帽变换结果对比分析

指标	影像	平均值	标准差	相关系数
BSI	Landsat8	0.5488	0.2136	0.8775
	Sentinel－2	0.5551	0.2140	
GVI	Landsat8	0.3177	0.1897	0.7005
	Sentinel－2	0.3725	0.1894	
WET	Landsat8	0.3547	0.2085	0.8354
	Sentinel－2	0.3681	0.2056	

缨帽变换已在 Landsat 影像中得到成功应用,结果具有较高的可信度,可用于考察 Sentinel－2 影像缨帽变换的结果。通过对研究区两类影像的计算结果进行对比分析(见表 3－2)可知,各指标的均值和标准差较为接近,相关性较高,说明 Sentinel－2 影像缨帽变换的结果具有一定的可靠性。

2)指标变化分析

2016—2019 年评价指标的对比分析如表 3-3 所示。

表 3-3 2016—2019 年评价指标对比分析表

时间	指标	平均值	标准差	频率分布				
				[0,0.2)	[0.2,0.4)	[0.4,0.6)	[0.6,0.8)	[0.8,1.0]
2016	GVI	0.3516	0.1886	18.44	52.63	20.45	4.12	4.36
	WET	0.4160	0.1928	11.55	38.54	36.52	8.71	4.68
	SBI	0.5101	0.2427	10.45	24.84	27.9	23.7	13.11
2019	GVI	0.3725	0.1894	11.62	56.52	21.23	5.79	4.84
	WET	0.3681	0.2056	17.07	49.75	20.99	6.83	5.36
	SBI	0.5551	0.2140	4.86	16.25	37.96	27.97	12.96
变化	GVI	0.0209	0.0008	−6.82	3.89	0.78	1.67	0.48
	WET	−0.0479	0.0128	5.52	11.21	−15.53	−1.88	0.68
	SBI	0.0450	−0.0287	−5.59	−8.59	10.06	4.27	−0.15

(1)GVI。根据缨帽变换结果(见表 3-3),研究区 2016 年的 GVI 均值为 0.3516,标准差 0.1886;2019 年的 GVI 均值为 0.3725,标准差 0.1894。相比 2016 年,2019 年的 GVI 均值提高了 0.0209,标准差变化不大,说明 2019 年植被长势较 2016 年有所提高,但平均绿量依然偏低。从分布频率上来看,低值比例明显减少。

(2)WET。根据缨帽变换结果(见表 3-3),研究区 2016 年的 WET 均值为 0.4160,标准差 0.1928;2019 年的 WET 均值为 0.3681,标准差 0.2056。相比 2016 年,2019 年的 WET 均值减少了 0.0479,标准差增加 0.0128,说明研究区 2019 年同期土壤及植被的水分有较大减少。从频率分布来看,中等分值的比例有所减少,而低值区和高值区比例有所提高。通过调查气象历史数据,发现 2016 年 6 月 3 日至 6 月 5 日,当地有小雨,因此,土壤湿度较大。2019 年 6 月仅 5 天有小雨,且都在 6 月 8 日以后,导致研究区土壤含水量较低。

(3)SBI。根据缨帽变换结果(见表 3-3),研究区 2016 年的 SBI 均值为 0.5101,标准差 0.2427;2019 年的 SBI 均值为 0.5551,标准差 0.2140。相比 2016 年,2019 年的 SBI 均值增加了 0.0450,标准差减少 0.0287,说明 2019 年同期研究区裸露的地面有所增加。通过调查分析,主要原因是矿区开发建设增加了不透水面积，另外新开发未投入使用的耕地，也增加了土地裸露面积。从频率分布来看，中等分值的比例有所增加，而低值区和高值区比例有所减少。各指标的详细空间分布如图3－3所示。

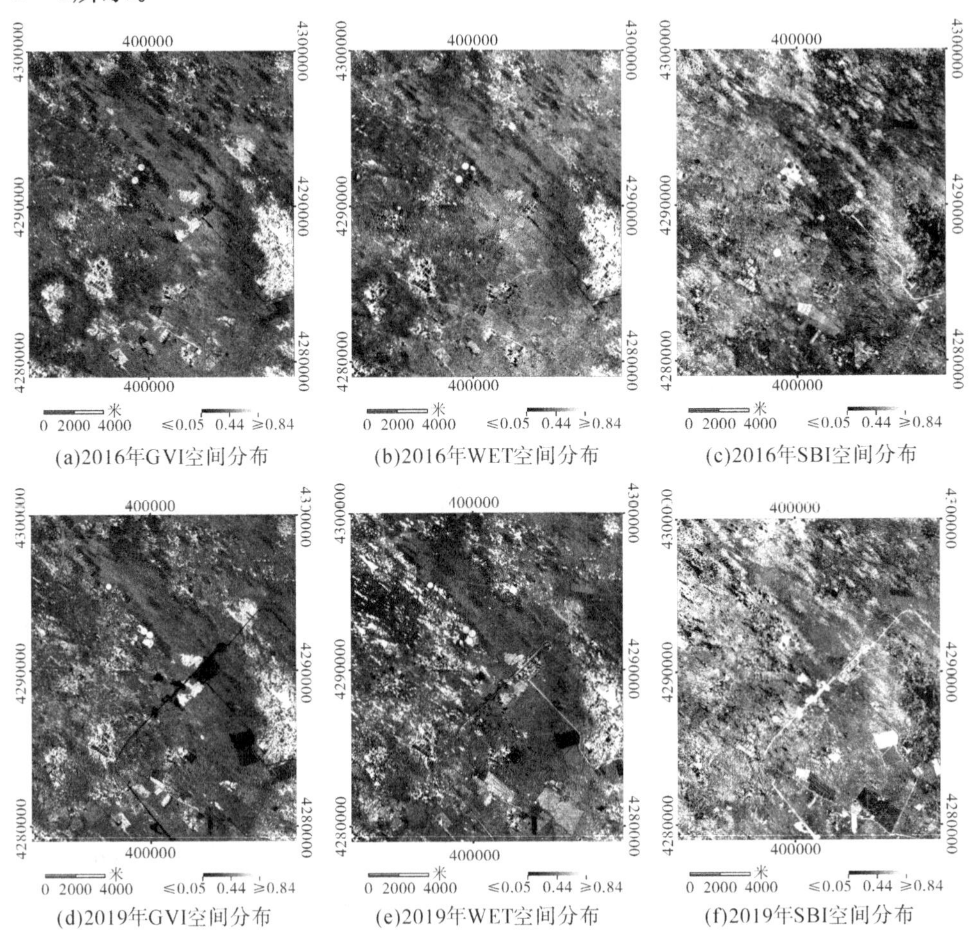

(a)2016年GVI空间分布　(b)2016年WET空间分布　(c)2016年SBI空间分布

(d)2019年GVI空间分布　(e)2019年WET空间分布　(f)2019年SBI空间分布

图3－3　2016—2019年缨帽变换结果分布图

3）综合质量变化分析

RESI值越大，表明生态环境质量状况越好。由表3－4可知，研究区2016年RSEI的平均分值为0.4018，标准差为0.1721；2019年RSEI的平均分值为0.3865，标准差为0.1734。两期RESI的平均值都偏低，等级属于较差级别。2019年RESI的平均值有所下降，区域差异有所增大，主要原因是裸露地面增加，土壤及植被水分减少。从等级分布来看，中等级别的面积减少较多，其他级别面积均出现不同程度的增加，增加较多的是较差级别的类型。从空间分布来看，矿山开发的地面场地、道路以及土地整治活动对区域生态环境影响较为严重。结合区域的植被覆盖来看，研究区东南部属于农业用地区，生态环境质量较好。西北部主要是流动沙丘，植被稀少，土地荒漠化严重，植被覆盖率15%以下，生态环境质量较差。中部主要是固定及半固定沙丘，植被覆盖率35%左右。综合而言，研究区生态环境质量以中等和较差为主。详细空间分布如图3-4所示。

表3-4 生态因子及RSEI信息统计表

时间	平均值	标准差	级别[分值]				
			差[0,0.2)	较差[0.2,0.4)	中等[0.4,0.6)	良[0.6,0.8)	优[0.8,1.0]
2016	0.4018	0.1721	9.97	42.86	37.82	5.6	3.75
2019	0.3865	0.1734	10.00	52.76	26.18	7.18	3.88
变化	−0.0153	0.0013	0.03	9.9	−11.64	1.58	0.13

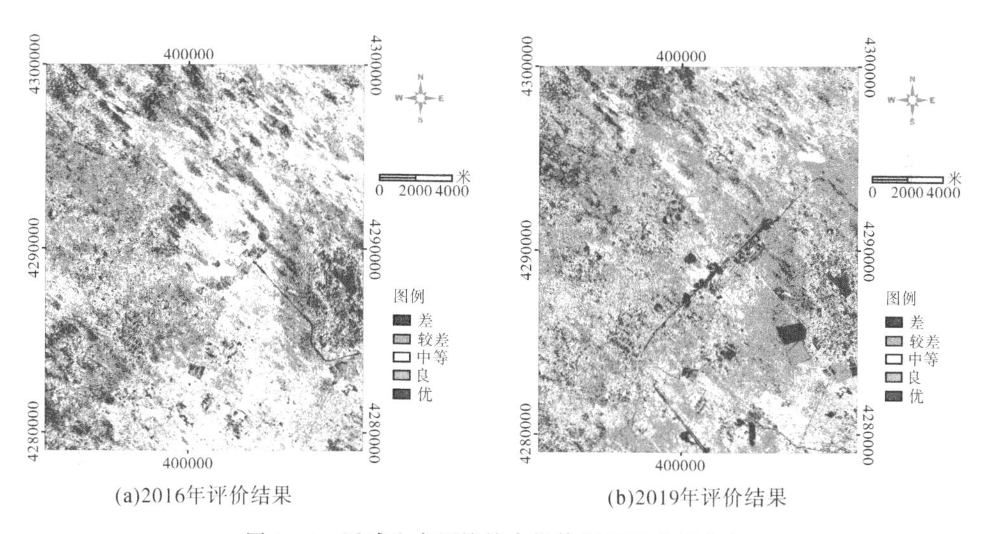

(a)2016年评价结果

(b)2019年评价结果

图3-4 遥感生态环境综合指数(RSEI)空间分布

5. 建议及措施

1)遵循生态文明理论，加强技术创新，促进生态修复

矿区地处半干旱严重风、水复合侵蚀的荒漠化地带，生态环境脆弱。

生态修复应针对矿区本地生态环境状况，以生态文明理论为指导，遵循自然生态规律，在借助生态自然恢复力的基础上，加强技术创新，同时基于差异化原则，优选合适的技术方法，逐步恢复生态系统的结构和功能，使其步入自我维持和有序发展的轨道(康世勇，2020)。党的十八大提出的“推进生态文明，建设美丽中国”直接推动了矿山生态修复的进程，对矿山生态修复提出了更高的要求和水平，为矿山生态修复指明了方向(任虹，2013)。

2)加强国土空间规划，优化产业布局，合理规划开采范围

近年来，矿产资源开发与自然保护的矛盾也日渐突出，因而，如何协调好矿产资源开发和自然保护之间的关系已然是一个世界性问题(张彤，2019)。因此，矿区生态修复应以区域国土空间规划编制为契机，进行资源环境承载力和国土空间开发适宜性评价，优化国土空间开发保护格局，完善区域主体功能定位，划定矿区生态保护红线、永久基本农田、城镇开发边界等三条控制线(梁宇哲 等，2019)。在此基础上，应进一步优化矿产资源开发格局，明确限制开采区、禁止开采区和允许开采区。榆神矿区属于半干旱荒漠区，地带性植被为荒漠植被，对地下水依赖性较高，因此可将水位埋深作为保水采煤的水位约束条件，进行矿区保水开采分区(范立民 等，2019；王双明 等，2010)。

3)充分利用现代信息技术，加强生态环境监测

生态环境质量是生态系统优劣程度的综合体现，与人类生存环境发展适宜性和社会的可持续发展密切相关。关于生态环境质量监测评价的研究越来越受到重视(农兰萍 等，2020；李清云 等，2018)。生态环境部近期也推出了一系列政策，要求加快健全生态环境监测和评价制度，推进生态环境监测体系与监测能力现代化。因此，各级政府及企业要充分结合现代空间技术，利用卫星、低空无人机及地面调查等多种手段，及时获取相关信息，建立数据库，利用大数据理论，为生态环境监测和治理提供保障。

4)优化开采工艺，落实环保措施，加强绿色矿山建设

为了减少矿产资源开采对生态环境的影响，矿山企业需要加大科技投入，将生态环境保护措施纳入开采工艺，研发保水开采、充填开采、条

带开采等绿色开采技术。同时，认真落实矿山地质环境保护与土地复垦方案，严格执行环境保护“三同时”(同时设计、同时施工、同时投产使用)制度，使矿区及周边自然环境得到有效保护。

3.1.2 西部风沙滩矿区海子信息提取方法

1. 概述

由于独特的自然地理条件，在风沙滩区形成了众多的海子。海子属于小型沙漠湖泊，不仅为沙区植物补给水分，为动物提供独特的生境栖息地，在局部区域形成湿润宜人的小气候，而且也是周围居民日常生活和发展农业的主要水源。因此，海子对于保护风沙滩区生态系统具有重要作用。近年来，由于采矿时对海子的影响和作用机理认识不足，重视不够，导致海子数量和面积大幅减少，区域生物多样性锐减，生态服务功能急剧下降。如何在开发矿产资源的同时，减少对风沙滩区生态系统，尤其海子的影响，成为当前迫切需要解决的问题。因此，准确快速地获取海子信息，对于矿区生态环境保护及可持续发展具有重要意义。

遥感技术的快速发展，为海子监测提供了可行的工具。从数据源来看，主要分类两大类，即光学影像和雷达影像。利用光学影像动态监测海子，相比平常地面观测，有着突出的优势，是获取水量、水质等参数的基础。其主要是利用水体的颜色数据进行水域信息提取(张兵 等，2021；王喆 等，2019；周艺 等，2004；周岩 等，2019；马艳敏 等，2018)，提取方法主要有阈值法、分类器法、面向对象法、数据挖掘法等。合成孔径雷达(SAR)因具有全天时、全天候、大覆盖面积、高分辨率、成像不受云雾影响等特点，近些年发展迅速，逐步应用到水体监测领域之中。目前，基于雷达影像的水体信息提取方法主要有灰度阈值分割法、最大类间方差阈值法、基于 DEM 数据滤波法、聚类分析法、面向对象方法等(苏龙飞 等，2021；刘瑞杰，2020)。沙区海子由于面积较小，水体较浅，季节变化大，受周边水生植被及环境的影响，目前还没有成熟的水系遥感产品，这影响了对矿区生态环境的监测及保护。

本研究选择地表海子分布较多的陕西榆林某矿区为研究区，以 Sentinel - 2 和 Landsat8 为数据源，以同期拍摄的高空间分辨率无人机正射影像作为参考,分析对 2 种影像使用不同方法提取海子的精度差异,为基于中高空间分辨率遥感数据的西部矿区海子动态监测研究提供参考。

2. 研究区概况及数据源

1)研究区概况

研究区位于毛乌素沙漠东南缘,陕西省榆林市神木市西南约 47 km 处。研究区为典型的中温带大陆性季风气候,干旱少雨,年蒸发量较大。地表基本被第四系风积半固定沙丘和固定沙丘所覆盖。地面标高 1325.60～1234.10 m,相对最大高差 91.50 m。研究区地表水主要为一些海子,蓄水量随着季节的变化而变化,丰水期水量较大,枯水期水量相对较少。海子面积大小不等,水深与地貌形态相关,多数为 0.3～5.0 m。地表植被以沙生植被为主。研究区海子及周边环境如图 3-5 所示。

图 3-5　研究区海子照片

2) 数据来源及预处理

本研究所使用到的数据包括 Landsat8 OLI,Sentinel-2 MSI 以及无人机航拍影像。Landsat8 数据行列号为 127/33,成像时间为 2020 年 10 月 2 日,从地理空间数据云网站(http://www.gscloud.cn/)下载,产品级别为 L1T。Sentinel-2 数据的成像时间为 2020 年 10 月 5 日,来源于欧洲航天局(ESA)哨兵科学数据中心(https://scihub.copernicus.eu/),产品级别为 L2A,即经过辐射定标和大气校正的大气底层反射率数据。2 幅影像的成像时间比较接近。Landsat8 在 ENVI 软件中经过数据融合、辐射定标和大气校正等预处理,全部波段重采样至 10 m 空间分辨率。Sentinel－2数据在ENVI软件中进行波段合成，全部波段重采样至10 m空间分辨率。在矿区北部选择面积约0.7 km^2的范围作为评价区，采用大疆精灵四RTK无人机进行航拍。航拍时间为2020年9月27日，飞行高度80 m，采用PIX4D制作正射影像，重采样至5 cm分辨率。同时，通过目视解译确定海子边界，作为评价利用Landsat8和Sentinel－2影像提取海子精度的主要依据。评价区的影像如图3－6所示。

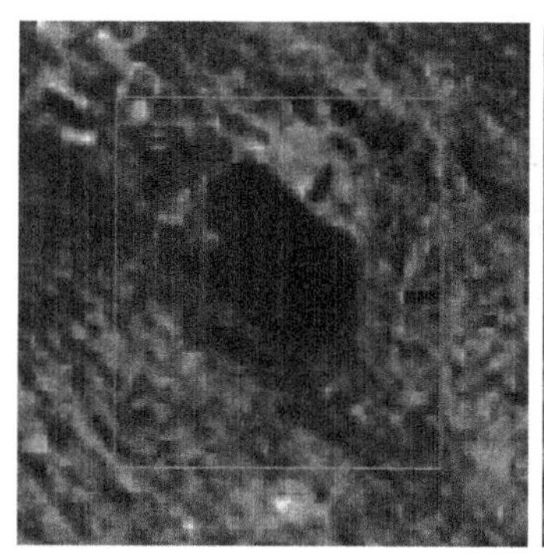

(a) Landsat8影像

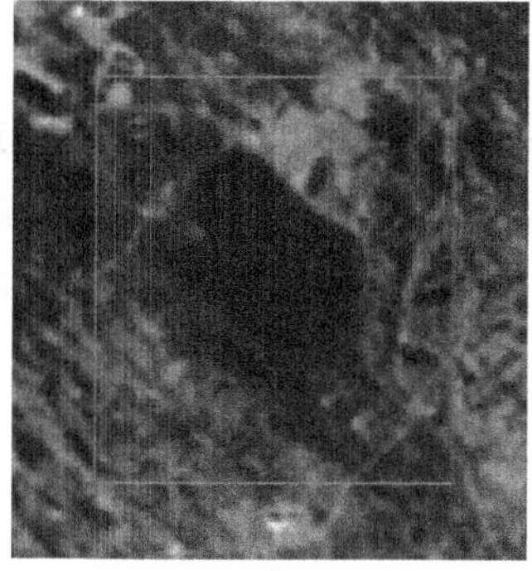

(b)Sentinel-2影像

(c)无人机影像

图3－6 评价区影像

3. 研究方法

1）归一化差异水体指数(NDWI)

归一化差异水体指数(NDWI)是McFeeter在1996年提出的，主要根据水体反射波谱特征，参考水体在近红外波段强吸收，低反射，而周边植被反射率强的特点，进而通过波谱变换，抑制植被和增强水体信号，来获取影像中的水体信息。DNWI采用式(3－7)进行计算(刘瑞杰，2020；王大钊 等，2019；徐涵秋，2015；McFeeter，1996)。

$$\mathrm{NDWI}=(G-\mathrm{NIR})/(G+\mathrm{NIR}) \tag{3-7}$$

式中，G为绿光波段的反射率；NIR为近红外波段的反射率。

由于背景信息的多样性，对水体提取结果也带来了一定的不确定性，因此需要结合研究区具体环境，构建适合的水体指数。

2)基于线性判别分析的水体指数(WI2015)

Fisher等(2016)使用线性判别分析分类法(linear discriminant analysis classification，LDAC)确定最佳分割训练区类别的系数，构建水

体指数(WI2015)，提高了分类精度。WI2015 采用式(3－8)进行计算(王大钊 等,2019;Fisher et al. ,2016;吴佳平 等,2019)。

$$WI2015=1.7204+171\times G+3\times R-70\times NIR-45\times SWIR-71\times MIR \quad (3-8)$$

式中,G、R、NIR、SWIR、MIR 分别为绿光、红光、近红外、短波红外、中红外波段的反射率。

3)垂直干旱指数(PDI)

由于海子面积较小,水体较浅,因此可以参考土壤湿度指数监测海子空间分布。本研究选用土壤湿度指数中较常用的垂直干旱指数(PDI)来提取海子信息。PDI 采用式(3－9)进行计算(李喆 等,2010;杨丹阳 等,2021;刘英 等,2018)。

$$PDI=(R+NIR)/\sqrt{M^2+1} \quad (3-9)$$

式中,NIR 、R 分别为影像像元在近红外、红光波段的反射率;M 为土壤线斜率。

研究区地处干旱半干旱地区,水体与周边土壤湿度指数差异明显,因此 PDI 可以较好地反映研究区的地理环境特点。

4)基于缨帽变换的湿度指数(WET)

缨帽变换是根据多光谱遥感中土壤、植被等信息在多维光谱空间中的信息分布结构,对图像进行正交变换。本研究探寻利用缨帽变换后的湿度指数提取海子信息,采用 Index DataBase 网站(https://www.indexdatabase.de)提供的转换系数计算湿度指数(WET)。

5)精度评价

以无人机影像目视解译的海子水体边界作为地面参考,分别对 2 种影像采用不同方法提取的海子水体结果进行精度验证,建立混淆矩阵,计算错分率、漏分率、总体精度和 Kappa 系数等精度评价指标。

4. 结果与分析

1)影像波段特征对比分析

在 2 种预处理后的影像中选择 6 个对应波段,绘制散点图,对比分析 2 种影像的反射率是否一致(见图 3－7)。由图 3－7 可以看到,Landsat8 和 Sentinel-2 影像在相应波段的反射率呈现出较好的一致性。不过，6 个波段中，除蓝光波段外，Sentinel-2 影像的反射率相对于 Landsat8 影像总体上偏高，这可能是由于 2 种传感器中心波长的细微差异及获取日期和时刻上的细微差异所致。另外，本区域的波段分布特征与相关文献（王大钊 等，2019）研究结果具有一致性。

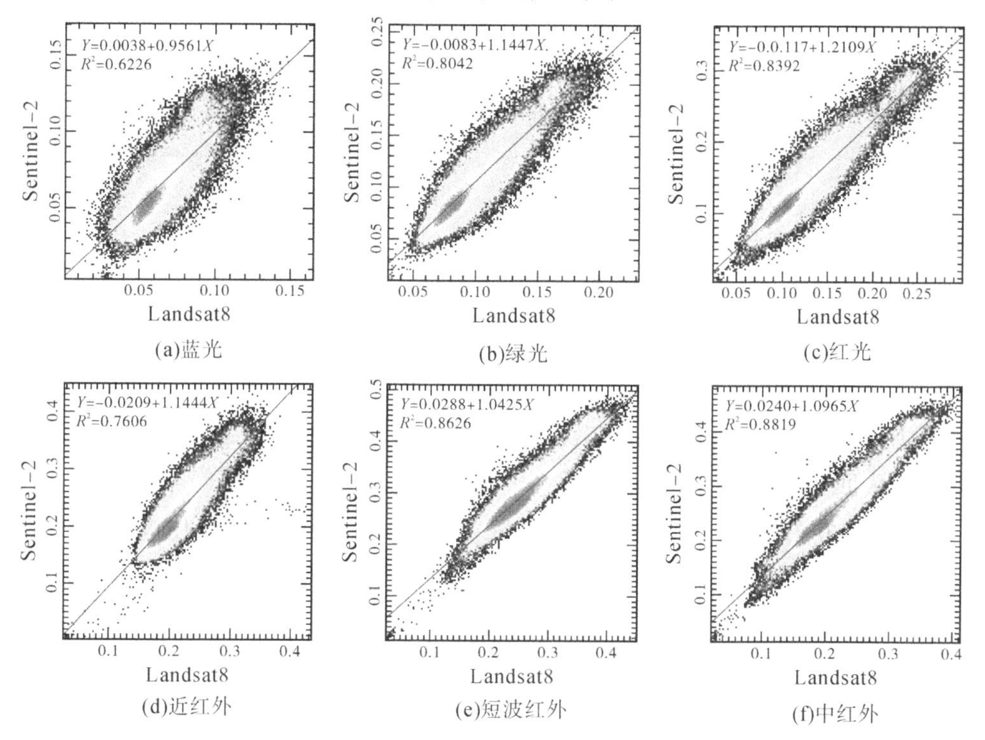

图 3-7 Landsat8 和 Sentinel-2 影像相近波段反射率对比

2）土壤线信息提取

结合相关学者的研究成果，土壤线可参考多光谱影像的 NIR-RED 波段构成的二维光谱特征，采用式（3-10）进行计算（方帅 等，2020；王玲 等，2017）。

$$\mathrm{NIR}=M\times R+I \tag{3-10}$$

式中，NIR、R 分别为像元在近红外、红光波段的反射率；M 为土壤线斜率；I 为土壤线在纵坐标上的截距。

本研究区 Landsat8 和 Sentinel-2 的 RED-NIR 光谱特征空间如图 3-8 所示。经过统计分析，土壤线斜率分别为 0.8677 和 0.9017。

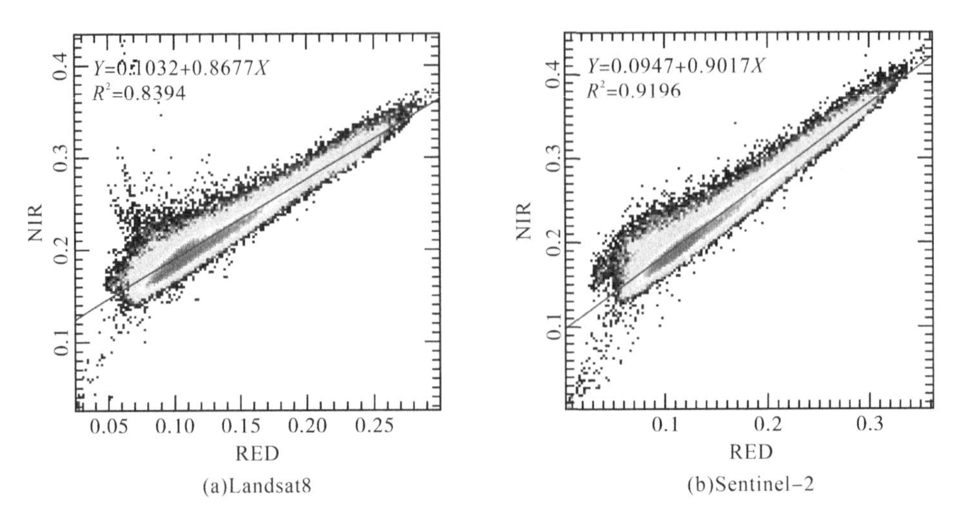

(a)Landsat8　　(b)Sentinel-2

图 3－8　RED-NIR 光谱特征空间

3)海子信息提取结果精度评价

基于 Landsat8 和 Sentinel－2 数据，利用以上 4 种方法分别提取了评价区的海子水体信息，并与无人机影像提取的海子水域边界进行叠加分析，从而评价其信息提取精度。

从分布图(见图 3－9)来看，不同方法均可较好地识别出面积较大的海子，对零散分布的小海子探测能力较弱。

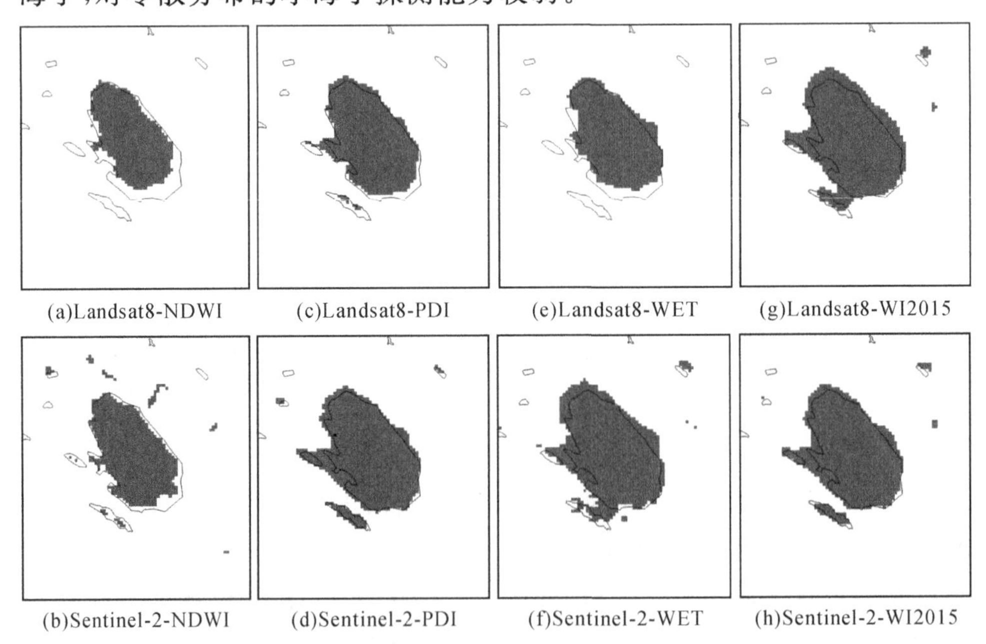

(a)Landsat8-NDWI　(c)Landsat8-PDI　(e)Landsat8-WET　(g)Landsat8-WI2015

(b)Sentinel-2-NDWI　(d)Sentinel-2-PDI　(f)Sentinel-2-WET　(h)Sentinel-2-WI2015

图 3－9　Landsat8 和 Sentinel－2 的评价区海子水体信息提取结果

通过表3-5可以看到，Sentinel-2影像数据水体提取结果的总体精度和Kappa系数整体要优于Landsat8影像数据。2种影像数据下的错分率整体较低而漏分率较高，并且Landsat8影像数据的漏分率整体高于Sentinel-2数据。4种方法中，PDI的总体精度较高，在Landsat8和Sentinel-2影像数据上分别达到了96.14%和97.29%，提取效果较好。

表3-5 基于Landsat8和Sentinel-2影像数据的海子提取结果精度指标

影像	提取方法	制图精度/%	用户精度/%	错分率/%	漏分率/%	总体精度/%	Kappa系数
Landsat8	NDWI	78.76	91.72	8.28	21.24	94.04	0.7225
	PDI	78.12	95.38	4.62	21.88	96.14	0.8368
	WET	69.62	94.72	5.28	30.38	95.03	0.7814
	WI2015	88.37	80.02	19.98	11.63	94.93	0.8099
Sentinel-2	NDWI	85.6	93.26	6.74	14.40	94.85	0.7738
	PDI	91.51	90.59	9.41	8.49	97.29	0.8945
	WET	78.76	91.72	8.28	21.24	95.07	0.8130
	WI2015	90.30	88.75	11.25	9.70	96.82	0.8650

4）矿区海子分布

基于Sentinel-2影像数据，本研究利用PDI方法对矿区北部约63 km^2的区域的海子进行了识别，空间分布如图3-10所示。通过分析，本研究共提取海子133个，其中99个面积小于0.1 hm^2，大于2 hm^2的海子3个，最大10.42 hm^2，详见表3-6。

表3-6 矿区北部海子数量统计

面积/hm^2	数量/个
<0.1	99
[0.1,0.5)	26
[0.5,1)	4
[1,2]	1
>2	3

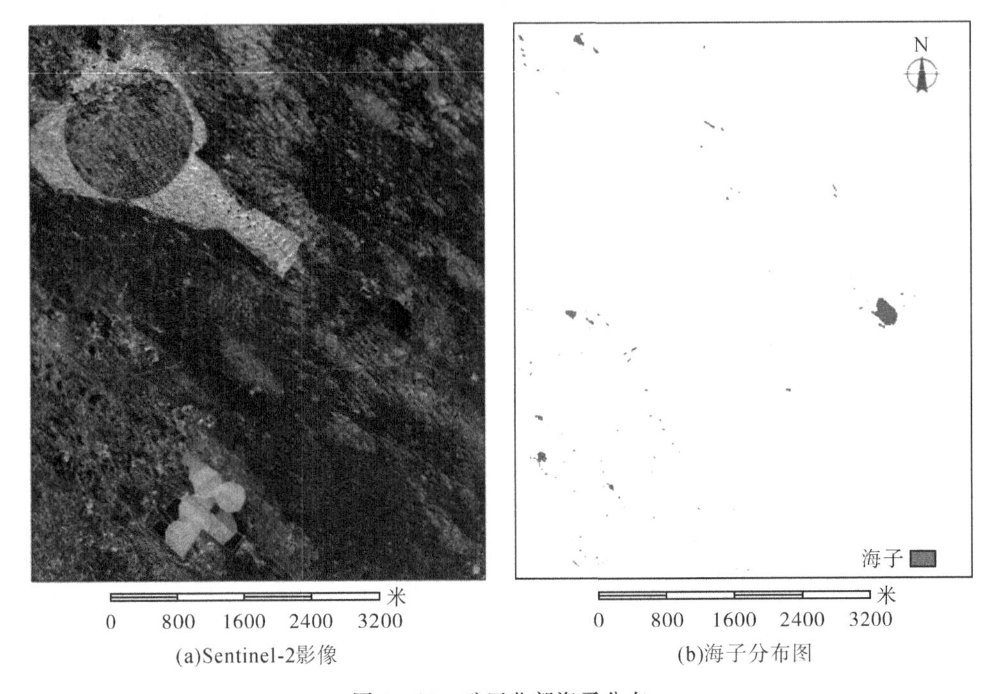

(a)Sentinel-2影像 (b)海子分布图

图 3-10 矿区北部海子分布

3.2 基于无人机遥感的矿山生态环境监测

3.2.1 基于无人机影像的矿山恢复林地监测

1. 概述

卫星影像是目前生态环境监测的主要数据源，但受限于影像时空分辨率，精度较低，其主要应用于宏观监测。对于某个复垦区，中等尺度的卫星遥感数据难以满足精细管理要求。无人机遥感技术作为继航空、航天遥感之后的第三代遥感技术，有效弥补了当前卫星遥感和航空遥感的技术缺陷，而且具有价格便宜、安全性好、操作灵活等优点，在生态环境监测领域具有广泛的应用前景。付虹雨等(2020)指出利用无人机影像提取的苎麻株高和可见光图像光谱信息估测产量的方法。王猛等(2020)分析了无人机影像提取棉花、花生、玉米等不同作物的植被指数覆盖度方法。谢兵等(2020)提出了一种新的无人机可见光植被指数，建立了新植被指数与植被覆盖度之间的相关关系。王俊豪等(2020)探索了一种基于无人机倾斜摄影影像和飞控数据的滑坡单体信息多维提取的方法。袁慧沽(2020)基丁无人机影像计算多种可见光植被指数,利用规则和样本两种面向对象分类方法提取简单地物。李雪瑞等(2020)将无人机引入海岛地形调查中,系统归纳了无人机外业数据采集与内业数据处理的具体流程,并制作了DEM和DOM成果。肖武等(2019)以无人机多光谱影像为数据源,分别采用面向对象的分类方法和监督分类方法对塌陷湿地植被进行分类。陈佳乐等(2018)利用无人机搭载可见光相机获取了沉陷区高分辨率影像,探讨无人机高分辨率影像在采煤沉陷土地测绘中的应用。Urban等(2018)研究了无人机构建矿区地形模型的系统误差和随机误差。Moudry等(2019)分析了利用不同固定翼无人机获取矿区地形图的精度问题。Lisiecka等(2018)利用无人机监测矿区积水状况。Asenova(2018)利用GIS、无人机和卫星研究苗木健康状况。

已有的研究成果表明,无人机生态环境监测正在成为一种新的趋势,在矿山生态修复中的应用研究正在起步。因此,本研究利用当前新兴空间信息技术,分析复垦区植被信息,通过定量化和可视化的方法,指导生态环境管理,为绿色矿山建设提供技术支撑(陈秋计 等,2020)。

2. 研究方法

1)数据获取及预处理

数据采集采用南方公司的SZT-R250移动测量系统,无人机采用大疆M600,搭载SONY(ILCE-7RM2)相机,同时采用GNSS卫星定位系统、NovAtel SPAN-IGM-S1惯性导航系统。数据获取时间为2019年4月13日至14日,无人机相对航高为100 m,地面分辨率(GSD)为1.8 cm,预设航向重叠率80%,旁相重叠率70%。整个矿区共飞行四个架次,采集照片797张。轨迹解算采用Inertial Explorer,提取影像的POS信息。正射影像采用Agisoft PhotoScan制作,植被信息提取利用ENVI 5.5完成。绿色矿山建设资料来源于矿方设计资料,用于比较评价方案执行情况。本研究技术路线如图3-11所示。

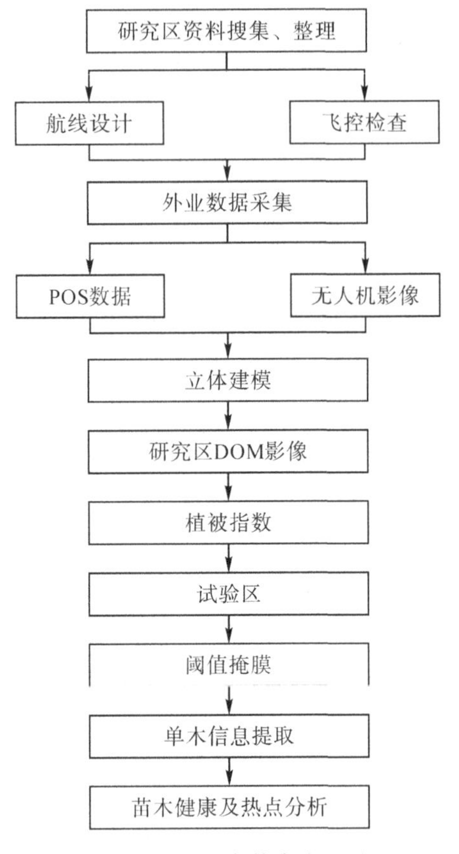

图 3-11 研究技术流程图

2)正射影像制作

正射影像(DOM)是信息采集的基础。研究区正射影像采用 Agisoft PhotoScan 进行制作,具体处理过程如下:照片选取与导入→对齐照片→建立密集点云→生成网格→生成正射影像→导出成果。最后得到的无人机正射影像的分辨率为 0.05 m。为了便于分析研究,选取其中一块近期复垦的林地作为试验区。研究区 DOM(局部)及试验区位置如图 3-12 所示。

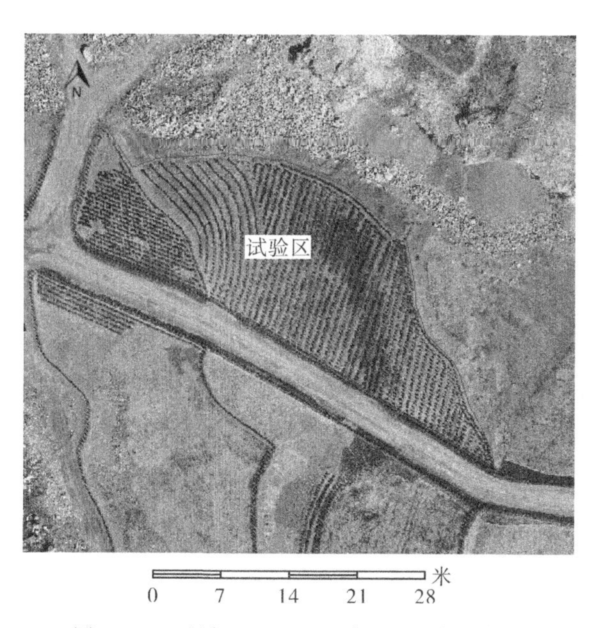

图 3-12 研究区 DOM(局部)及试验区位置

3)植被指数计算

植被指数通常利用植被在不同光谱波段的反射率和吸收率的差异特性,对不同波段的光谱进行组合运算以突出植被的特征信息,反映植被的生长状况。本研究采用的是无人机影像的可见光波段差异植被指数(visible-band difference vegetation index,VDVI),具体计算公式如下:

$$\mathrm{VDVI}=\frac{(\mathrm{Green}-\mathrm{Red})+(\mathrm{Green}-\mathrm{Blue})}{2\times\mathrm{Green}+\mathrm{Red}+\mathrm{Blue}} \tag{3-11}$$

式中,Red、Green、Blue 分别代表无人机影像的红、绿、蓝的波段值。

然后利用像元阈值法,分离背景与植被。采用式(3-12)计算复垦地块植被覆盖度(VFC):

$$\mathrm{VFC}=\frac{N_{\mathrm{VDVI}}\times a}{S} \tag{3-12}$$

式中,a 为像元面积;S 为地块面积;N_{VDVI} 为大于阈值的 VDVI 像元数量。

4)苗木统计及健康分析

苗木统计及健康分析利用 ENVI Crop Science 及 ArcGIS 的统计工具进行。Crop Science 是 ENVI 一个农业工具包,提供了一些精准农业和农学分析工具。本研究用其提取复垦后的苗木相关数据，指导精细化管理。

(1)苗木统计。基于 VDVI 单波段影像数据，利用 Crop Science 的作物计数(Count Crops)工具，对复垦苗木进行定位和计数，输出结果为 ENVI 分类图像，圆环形状。同时，结果可以进一步转换成矢量文件，在 ArcGIS 中进行冠幅统计分析及制图。

(2)健康分析。基于苗木计数结果，参考 VDVI 单波段图像，对苗木的相对长势进行统计分析，结果可输出为分类图像或灰度图像。VDVI 综合利用了植被在绿光波段的反射及在红光和蓝光波段的吸收特性，反映了植被叶绿素含量的高低，可以评估植被的长势。同时，结果可以进一步转换成矢量文件，在 ArcGIS 中进行统计分析及制图。

(3)热点分析。利用热点分析工具，可以识别具有显著统计学意义的高值(热点)的聚类区以及低值(冷点)的聚类区，以便于制定相应的管护策略。热点分析通过计算要素的 Gi^* 统计量，通过得到的 z 得分和 p 值，分析高值或低值要素在空间上发生聚类的位置。z 得分越高，高值(热点)的聚类就越紧密；z 得分越低，低值(冷点)的聚类就越紧密(陈朋弟 等，2020)。热点分析工具可以用来分析复垦区域的苗木健康空间聚类情况。

3. 实验结果

1)植被指数分析

根据 VDVI 的定义，利用 ENVI 的波段分析工具，计算试验区的 VDVI 值。剔除背景值及异常值以后，试验区的无人机影像的可见光波段差异植被指数(VDVI)最小值为 0.05，最大值为 0.344，平均值为 0.107，标准差为 0.0379。VDVI 空间分布如图 3－13 所示。根据分段统计分析结果(见表 3－7)，86.57％的影像值为[0.05，0.15)。根据像元数量、试验区面积及公式(3－12)，该地块的植被覆盖率为 19.09％。

表 3－7　VDVI 统计分析

指标值	像元/个	比例/％
[0.05，0.15)	264458	86.57
[0.15，0.25)	40379	13.22
[0.25，0.344]	641	0.21
合计	305478	100.00

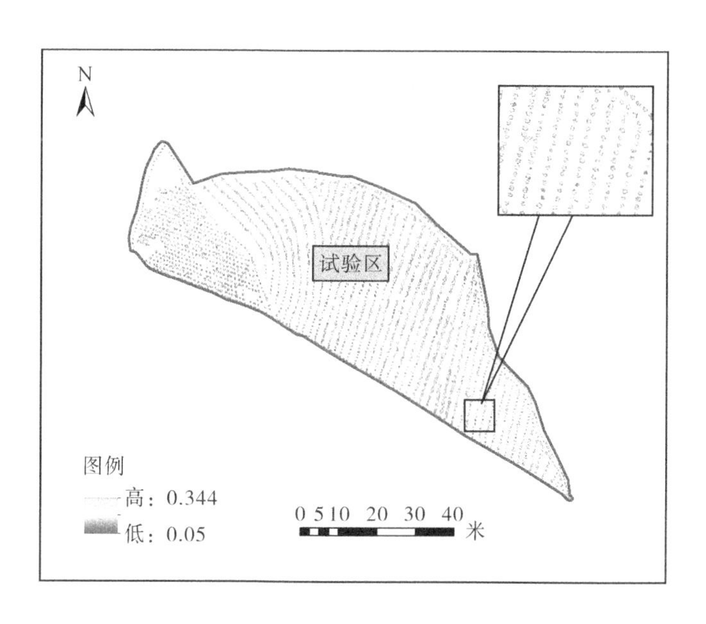

图 3-13　VDVI 空间分布

2)苗木数量及冠幅统计分析

根据 ENVI Crop Science 苗木统计计算结果(见表 3-8),试验区共识别出苗木 2323 个,冠幅半径为 0.1～0.5 m,平均值为 0.30 m,标准差为 0.067 m。其中 71.76%的苗木冠幅半径为 0.2～0.3 m,结果基本符合实际。冠幅大小的空间分布如图 3-14 所示。通过与原始影像对比分析,在地块边缘,由于与其他植被混交,存在部分错分和漏分的现状,需要进一步优化提取参数及改进提取算法。

表 3-8　冠幅统计分析

冠幅半径/m	数量/个	比例/%
[0.1,0.2)	260	11.19
[0.2,0.3)	1667	71.76
[0.3,0.5]	396	17.05
合计	2323	100.00

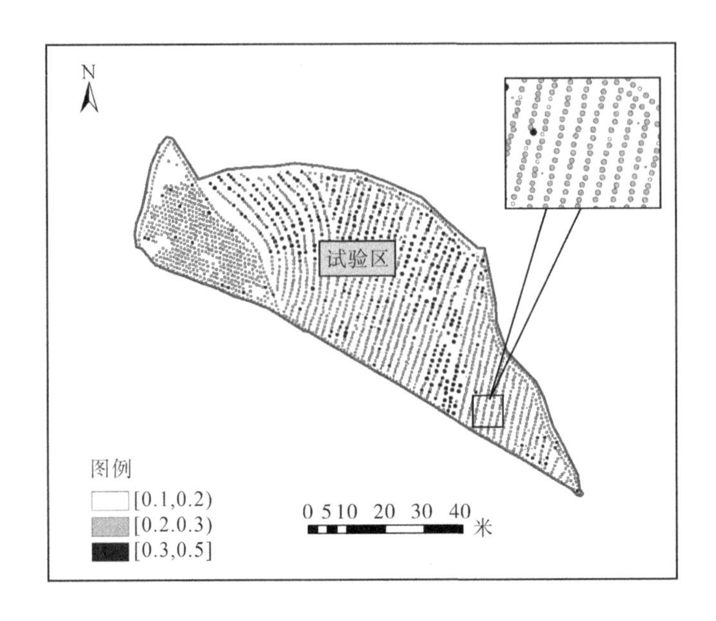

图 3-14　冠幅大小空间分布

3)苗木相对健康及热点分析

根据植被指数及 Calculate Crop Metrics 分析结果,将试验区的苗木划分为三个等级(见表 3-9),即良好、一般、较差。其中,43.26%的苗木长势相对较好,28.28%的苗木长势一般,28.46%的苗木长势相对较差。从空间分布来看,中西部片区苗木长势较差,北部片区苗木长势较好(见图 3-15)。结合热点计算结果,试验区的苗木健康状况存在显著统计学意义的高值空间集聚区和低值空间集聚区(见图 3-16)。

表 3-9　苗木健康统计分析

等级	数量/个	比例/%
良好	1005	43.26
一般	657	28.28
较差	661	28.46
合计	2323	100.00

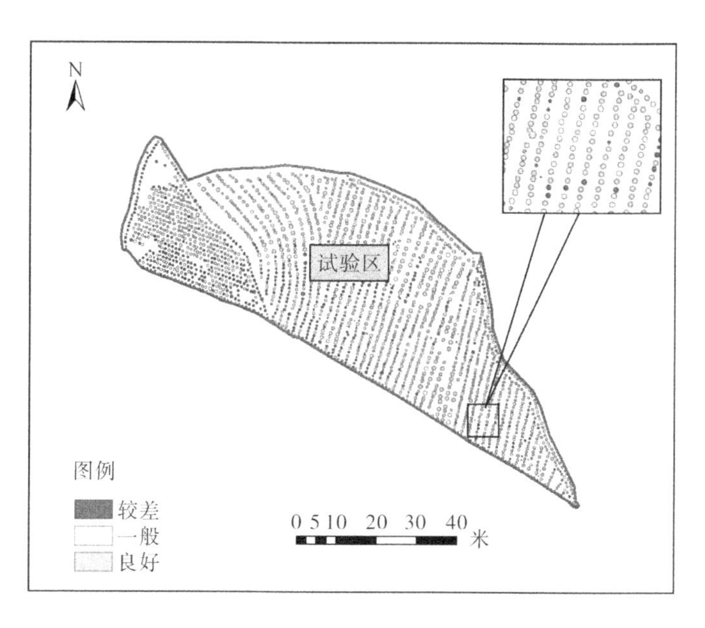

图 3-15 苗木健康状况分布图

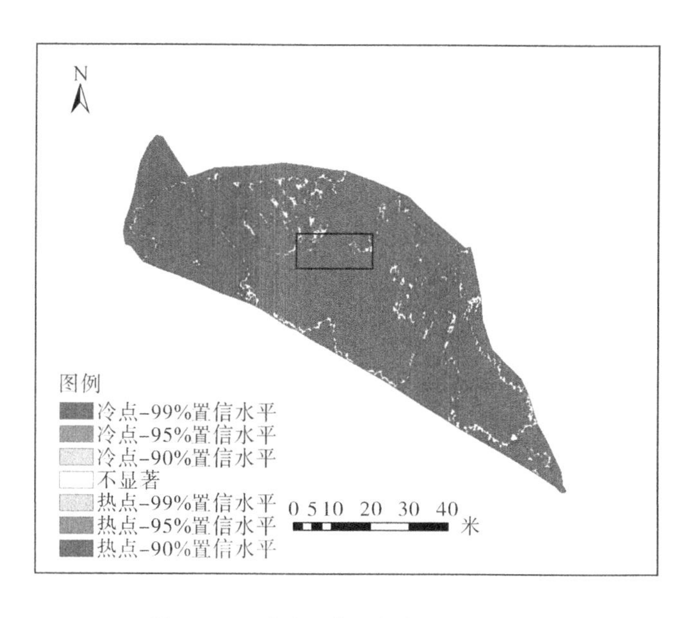

图 3-16 试验区苗木健康热点分布图

4. 讨论分析

(1)通过研究发现,复垦区的植被长势存在较大的空间差异,建议对低值区的土壤理化特性进一步检测，找到问题根源，采取针对性的管护措施。试验区地块目前处于复垦初期，植被覆盖度较低，后期还需加大维护力度。

(2)根据矿山生态恢复设计，矿山有林地栽种树种选用的乔木为侧柏树或油松，地径 3 cm 以上，高 1.5 m 左右，间距 2.0 m×2.0 m。通过与绿色矿山设计资料进行对比分析，该地块的苗木栽植密度、数量及规格与要求基本相符，为绿色矿山项目验收和评价提供了数据支撑。

(3)无人机技术的发展为矿山生态环境监测提供了方便快捷的工具，结合 ENVI 和 ArcGIS 的数据处理与分析可以及时掌握植被长势。本次研究也发现，由于波段较少，制约了无人机植被遥感监测的分析范围，如采用无人机多光谱或高光谱设备，监测效率将大幅提升。

(4)ENVI Crop Science 是精准农业和农学分析工具包，对于规则分布的单类作物有较高的识别率和应用潜力。对于地形复杂，植被类型多样的复垦区，其应用效率还需要结合地区特点，深入分析。

3.2.2 基于无人机 LiDAR 的矿山植被信息提取

植被信息的提取是监测矿山植被长势和生态环境恢复程度的一种重要手段。准确获取单株植被的参数信息是对矿山植被进行精确监测和有效管理的必要前提。植被的单木信息包括植被的位置信息、树高、冠幅宽度以及胸径等，这些单木参数可以用来反演叶面积指数、林分蓄积量、郁闭度等。无人机激光雷达测量(light detection and ranging, LiDAR)是一种新兴的主动遥感测量技术，可以直接高效地获取高精度的地面高程信息，且不受天气影响，被广泛应用于测绘、林业应用等领域。其对植被具有很强的穿透能力，可以迅速、精准地探测到各类区域的地理数据信息，能够快速、直接、大范围地获取高精度的地表模型，有效识别、提取隐蔽性矿山和隐蔽性灾害的相关信息，在矿山生态修复工程中具有广阔的应用前景(张文军，2016；吕国屏 等，2017)。

1. 基于 LiDAR 点云数据的单木分割

单木分割是指从一整块林地的点云中将每一棵树的点云进行识别的过程。目前，基于点云数据的单木分割方法主要分为两种：一是基于冠层高度模型(canopy height model, CHM),二是基于归一化点云数据。基于CHM的单木分割方法,首先对原始数据进行滤波处理,然后插值生成数字高程模型和数字表面模型,最终通过两者相减得到CHM。该方法的计算步骤较多,会存在较大的计算误差。与之相比,直接基于归一化点云数据的单木分割可以有效地减少这一情况。本研究选择DBSCAN聚类算法、K-Means聚类算法和基于K-Means的改进聚类算法进行对比分析,从而选择出最适合本研究对象的单木分割算法(王鑫,2021;杭梦如,2020;Chang et al.,2013;王佳 等,2013)。

1)DBSCAN聚类算法

DBSCAN聚类算法是一种经典的基于密度的空间聚类算法。该算法的基本思想是从一个随机选择的核心点出发,不断将满足密度要求的点归为一类,最终得到一个包含核心点和边界点的最大化区域。DBSCAN聚类算法不需要设置聚类簇的数量,但需要设置Eps和MinPts两个参数,Eps为簇的半径,MinPts是簇内最少的点数(Ester et al.,1996;高智梅 等,2021)。

DBSCAN聚类算法的优点在于可以识别出任意形状的类,不需要定义聚类簇的数量,并且对噪声点有较好的识别。但是,此算法的运行效率较低,不能很好地对高维数据进行处理,且Eps的取值对结果的影响较大。

2)K-Means聚类算法

K-Means聚类算法是经典的划分式聚类算法,由于其原理简单,运算速度快,是目前广泛使用的聚类算法之一。经典K-Means聚类算法的基本思想是通过多次迭代聚类,不断移动聚类中心位置,以达到使各类中心点到各个内部成员的函数关系最小。其函数公式如下:

$$E=\sum_{j=1}^{k}\sum_{x\in D_j}(x-x_j)^2 \tag{3-13}$$

式中,k为要聚类的个数;D_j表示聚类的第j个类;x为D_j中的任意一个点;x_j表示D_j的均值;E是每个类中的样本点到聚类中心的距离的平方和。E值越小,说明聚类的结果越好(Chen et al.,2021;袁小翠 等,2015;Macqueen,1967)。

K-Means 聚类算法的原理简单，运算速度快，但仍然存在一些缺点。K-Means 聚类算法的聚类中心的初始值对于算法的运行速度以及精度影响较大。当算法的终止条件设为达到指定迭代次数就停止计算时，将会导致算法处理出的结果可能并不是最优解。

3)基于 K-Means 的改进聚类算法

基于 K-Means 的改进聚类算法是由 Chen 等(2021)提出的一种新的点云分割方法。其基本思想是基于经典 K-Means 聚类算法的思想对点云数据进行聚类，聚类的个数和初始聚类中心坐标设为通过DBSCAN聚类算法得到，再采用欧氏距离计算数据集中其余各点到聚类中心的距离，遵循最近距离分配原则进行分类，最终得到三维点云数据的聚类结果。其算法流程如图 3-17 所示。

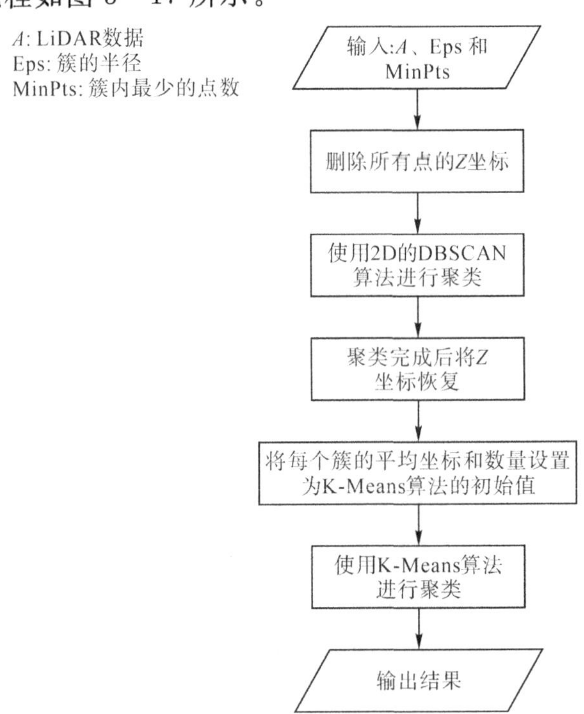

图 3-17　基于 K-Means 的改进聚类算法的流程图

算法的具体步骤如下：

(1)输入：矿区乔木的三维点云数据，以及初始设置的 Eps 和 MinPts 值。

(2)载入数据,遍历每一个样本,删除其 Z 值,将其投影到 XOY 平面上。

(3)将投影的数据载入 DBSCAN 聚类算法,得到聚类中心的数量以及坐标。

(4)将上述步骤得到的聚类中心数量和坐标设置为 K-Means 聚类算法的 k 值和初始聚类中心,并对原始的三维点云数据进行 K-Means 聚类。其中,k 为要聚类的个数。

(5)输出:聚类结果及聚类中心的坐标。

4)精度验证评价指标

为了研究基于点云数据的 DBSCAN 聚类算法、K-Means 聚类算法以及基于 K-Means 的改进聚类算法对矿区乔木分割的正确性,对比算法分割的乔木数量与实地探测的树木是否一致,本研究采用召回率 r(recall)、准确率 p(precision)和 F 分值(F-SCORE)这三个评价指标对三种算法进行精度评价,并设置其取值范围为[0,1],探究这三种单木分割方法在矿区植被上的适用性(宋董飞 等,2018;Goutte et al.,2005)。

召回率 r 即查全率,表示算法探测出的有效单木株数与真实株数的比值,计算公式如下:

$$r = \frac{\mathrm{TP}}{\mathrm{TP} + \mathrm{FN}} \tag{3-14}$$

准确率 p 即检测精度,表示算法探测出的有效单木株数占提取出所有结果的比例,计算公式如下:

$$p = \frac{\mathrm{TP}}{\mathrm{TP} + \mathrm{FP}} \tag{3-15}$$

F 分值是对算法单木分割精度的总体评价指标,F 分值越大则该方法的分割精度越高。其计算公式如下:

$$F = \frac{2pr}{p + r} \tag{3-16}$$

其中,TP(ture positive)表示被正确识别的乔木数量;FN(false negative)表示未被识别出的乔木数量;FP(false positive)表示被多分出的乔木数量(即错分的乔木数量)。

5)实验数据采集

研究区地处陕西省神木市西北,为典型的中温带半干旱大陆性季风气候,年平均气温为 11.4 ℃,多年平均降雨量为 440.8 mm。矿区位于风沙丘陵地貌区,地面标高 1105~1130 m,沟道附近地下水埋深 3~5 m,分布有人工栽植的多年生落叶乔木,树种以杨树为主,树木高度 7~20 m,当年的 4 月至 10 月属于乔木树叶存在期,当年 11 月至次年的 3 月属于树叶脱落期。矿区地下分布有 7 层可采煤层,近期主要开采2-2煤层,煤层厚度 5.5 m。

为了及时了解矿产资源开采对林木的影响,在开采前,利用无人机激光雷达获取植被信息,全面掌握树木的生长状况。本研究利用无人机激光雷达分别获取了研究区落叶乔木在树叶存在期和树叶脱落期的两期点云数据。数据采集设备为 SZT-R250 无人机移动测量系统。通过配套软件进行数据处理和加工,获取 3D 数据成果。激光波长为近红外波段,发射频率为 100 kHz。采用交叉飞行的方式,无人机机载 LIDAR 点云数据的坐标系为 WGS-84,采用 UTM 投影,平均飞行高度为 150 m。在地面,利用全站仪测量株木的树高,利用与点云数据同步获得的矿区正射影像提取冠幅宽度。本次共调查树木 50 棵。

6)结果分析

在研究区内选择一块样地的分割结果进行展示,以便直观地展现出三种单木分割方法对不同点云数据的单木分割情况,如图 3-18 所示。同时,将同时期获取的高分辨率正射影像与外业实地调查结果相结合,作为本研究精度评价的标准,并将其与三种单木分割后的结果进行对比分析,结果统计如表 3-10 和图 3-19 所示。

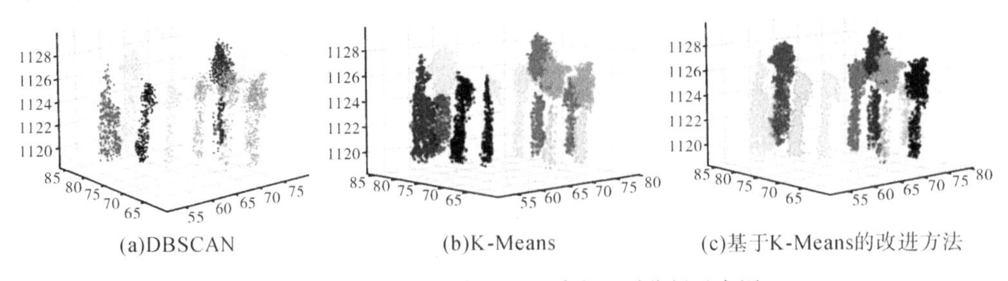

图 3-18　三种聚类算法点云乔木识别分割示意图

表 3－10 植被单木分割 F 分值表

算法类型	r	p	F
DBSCAN	0.532	1.000	0.694
K-Means	0.667	0.432	0.525
基于 K-Means 的改进方法	0.950	0.844	0.894

研究区内的乔木分布密度较大，叶片茂密。由图 3－19 可知，基于传统 DBSCAN 方法对矿区乔木单木分割造成漏分的情况比较严重，基于 K-Means 方法的分割结果有一部分乔木被过度分割，而基于 K-Means的改进方法对矿区乔木的分割效果良好，绝大部分树木都能够进行正确分割，仅存在少量的漏分和错分的现象。

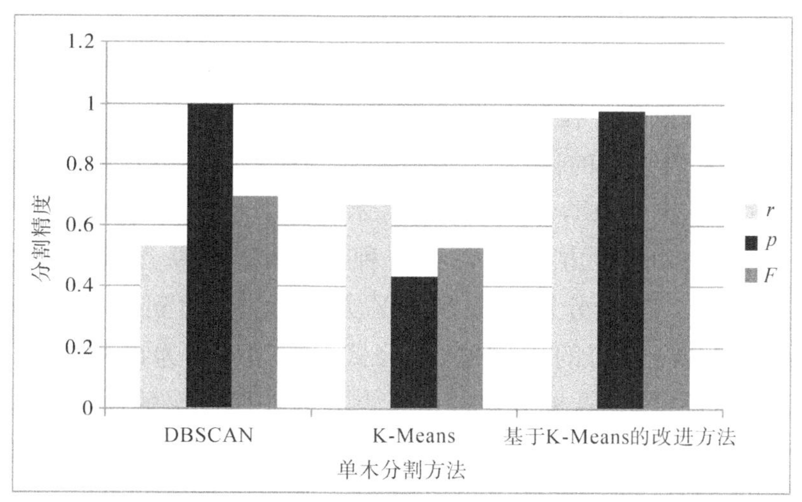

图 3－19 机载点云数据的单木分割精度

在机载点云数据处理结果中，DBSCAN 分割算法的 r 值很低，为 0.532，这是由于乔木的冠幅相差较大，且存在相互遮挡的情况，以及机载激光 LiDAR 获取点云数据的密度不均匀，而 DBSCAN 分割算法是基于密度的聚类方法，因此存在严重的漏分现象。K-Means 分割算法和基于 K-Means 的改进分割算法由于需要预先选择聚类中心的数量，所以其 r 值要高于 DBSCAN 算法得到的 r 值，且基于 K-Means 的改进方法的 p 值远高于 K-Means 算法。因此，三种方法中，基于 K-Means 的改进方法对机载点云数据的处理精度最高。

2. 基于 LiDAR 点云数据的植被参数提取

前文中，通过对 LiDAR 点云数据进行单木的准确识别和分割，可以得到矿区中乔木的数量和位置，进而可进一步得到植被单木参数信息，用来评估植被的生长状况，为矿山生态环境监测以及矿区林地恢复的管理提供必要的数据支持。下面将利用点云数据独有的包含地物三维坐标信息的特点，利用两期不同时期获取的机载激光 LiDAR 点云数据，分别利用层堆叠算法、DBSCAN 与 K-Means 相结合的两种算法，进行单木树高、冠幅宽度的估测，并利用背包式 LiDAR 数据对胸高直径进行估算（杭梦如，2020）。

1）树高、冠幅和胸高直径的估测

树高（tree height，TH）是指从地面起树干的底部至树顶的高度尺寸，通常以米为单位。在归一化点云数据中，通常将属于每单株木的点云数据进行 *Z* 值大小的比较、*Z* 值最大的点视为冠层的顶点，即为树高。

冠幅（crown width，CW）是指树木的南北、东西方向宽度的平均值。冠幅宽度的计算方法主要有两种：一种是根据点云数据含有的（*X*，*Y*，*Z*）坐标信息，分别计算 *X* 和 *Y* 方向的最大值到最小值之间的距离，然后求取两个方向的平均值（见公式 3－17），即为该乔木的冠幅宽度。另一种是通过计算植被树冠由正上方向地面投影的面积，将树冠视为一个圆形，将与树冠面积相同的圆形直径作为树冠的冠幅宽度（Solberg et al.，2006；Morsdorf et al.，2004）。在外业调查测量时，如果使用全站仪测量树的冠幅宽度，由于人为目视的误差较大，因此以无人机机载LiADR同步获取的高分辨率正射影像为参考，在 GIS 中新建矢量图层，将高分辨率影像与点云数据配准，对选择的样本乔木进行树冠的勾画，量取南北方向的宽度，以此作为冠幅宽度的真值（见图 3－20）。

$$CW=\frac{(\Delta x+\Delta y)}{2} \quad (3-17)$$

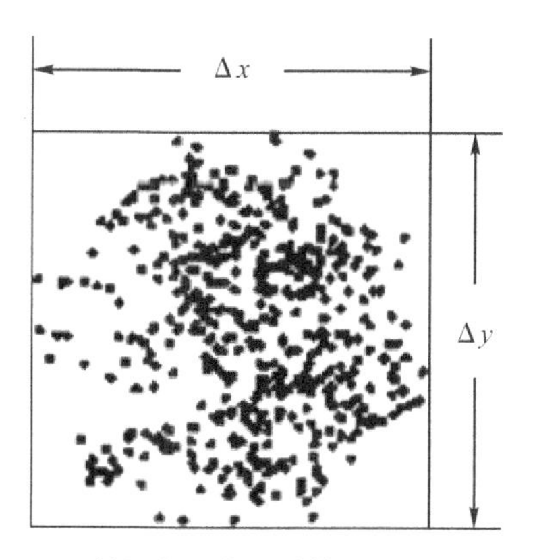

图 3-20　利用点云数据计算冠幅的方法示意图

胸高直径(diameter at breast height, DBH)是指位于地面上 1.3 m 处的树干直径。实地测量时,以全站仪棱镜为辅助工具,将棱镜高度设为 1.3 m,从地面起,将棱镜紧挨着树干放置,记下 1.3 m 处的位置,然后采用皮尺进行乔木胸高直径的测量。基于点云数据反演乔木的胸高直径时,需要提取出胸高直径处的所有点云数据,即可得到乔木胸高直径处的断面点云数据。为了保证胸高直径处的点云数据能够完整地显示,本研究对乔木 1.3 m 处上下各 0.5 cm 的点云数据进行了提取(见图 3-21),并通过拟合圆的形式进行胸高直径反演。

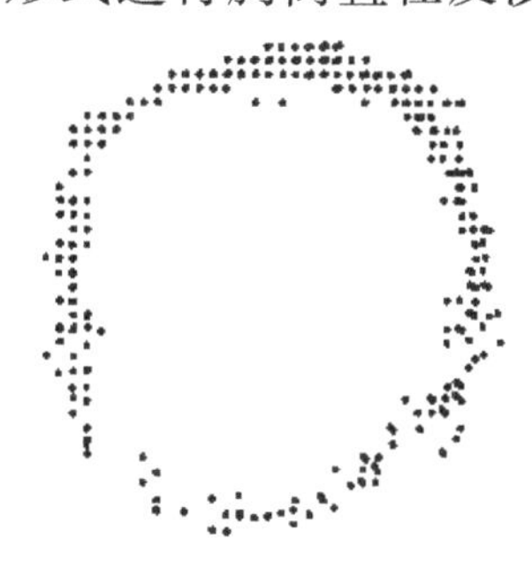

图-21　胸高直径提取示意图

2)精度对比与评价

通过线性回归分析对 LiDAR 点云数据反演出的单木参数(树高、冠幅宽度、胸高直径)进行相关性验证,对利用点云数据反演的单木参数结果采用决定系数 R^2 和均方根误差 RMSE 进行精度评价。其中,R^2 值越大,说明估测值与实测值之间的拟合性越好;RMSE 利用估测值与实测值之间的差值大小来评价模型的精度，差值越接近于0，说明精度越高。

(1)树高提取结果及精度验证。本研究选取了样地内分割效果较好的45株乔木，利用点云数据反演出树高，并将反演出的树高值与地面实测树高值进行比较，建立了反演树高与实测树高之间的相关关系，结果如图3-22和图3-23所示。

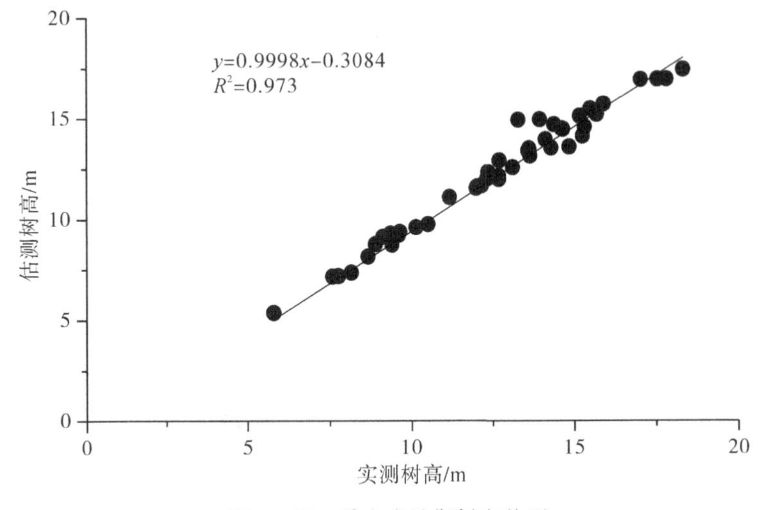

图3-22　乔木有叶期树高估测

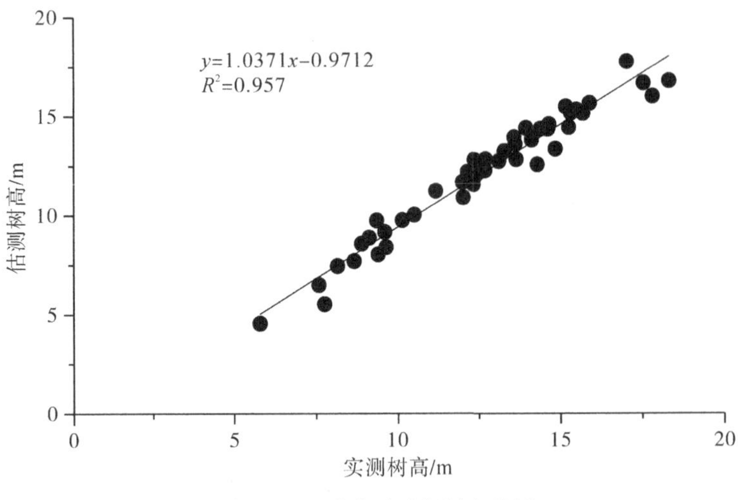

图3-23　乔木无叶期树高估测

利用 LiDAR 点云数据反演乔木树高时，主要是利用归一化点云数据，在每类中搜索 Z 值最大的植被点，从而确定乔木的高度。

由图 3 - 22 和图 3 - 23 可以看出，不论研究样地内乔木的叶片是否脱落，对基于 LiDAR 点云数据反演的树高与外业实测树高之间的高度相关性并无影响，有叶期和无叶期的决定系数 R^2 值分别为 0.973 和 0.957，均达到了 0.95 以上。为了进一步检验叶片对矿区乔木高度估算精度的影响，计算实测树高与估算树高之间的均方根误差 RMSE，其结果如表 3 - 11 所示。

表 3 - 11　不同时期树高的 RMSE 计算结果

植被不同状态	RMSE/m
有叶期	0.585
无叶期	0.837

研究结果表明，利用 LiDAR 点云数据可以对乔木进行树高的反演，且精度较好。但估测的树高值普遍低于实测树高值，这与无人机LiDAR扫描系统本身的特性有一定的关系。同时，有叶期的树高估测精度大于无叶期的树高估测精度。经分析，矿山的乔木为阔叶树种，有叶期与无叶期相比，单株乔木的冠层较为密集，利用机载 LiDAR 扫描乔木信息时，数据采集时获取的点云密度与无叶期相比大，因此对于冠层顶点的识别更为精确。

(2)冠幅提取结果及精度验证。为了研究乔木的叶片对提取冠幅宽度的影响，本研究以研究区内植被有叶期时和无叶期时的两期点云数据为数据源，进行矿区植被冠幅参数的反演，并以研究区样地中选出的 45 棵乔木作为样本数据，建立乔木的冠幅估测宽度与实测冠幅宽度之间的线性回归方程，回归结果如图 3 - 24 所示。同时，计算野外实测冠幅宽度与点云估测冠幅宽度之间的均方根误差，如表 3 - 12 所示。

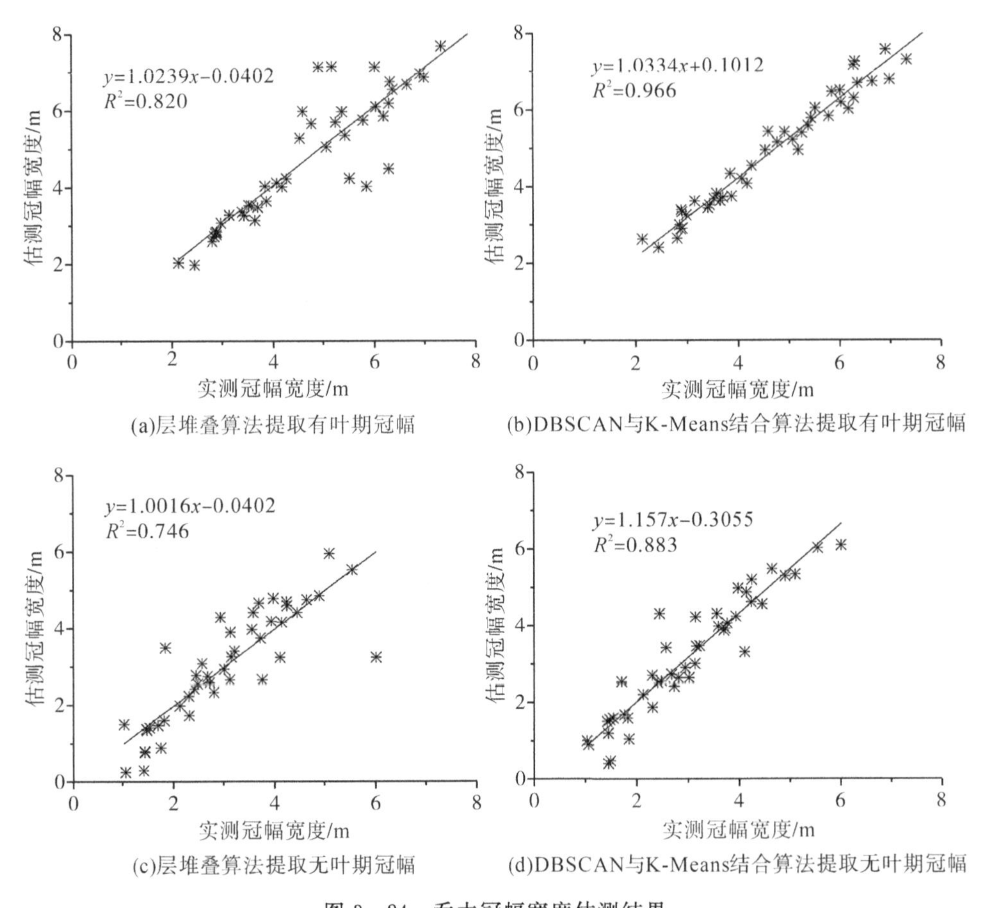

(a)层堆叠算法提取有叶期冠幅

(b)DBSCAN与K-Means结合算法提取有叶期冠幅

(c)层堆叠算法提取无叶期冠幅

(d)DBSCAN与K-Means结合算法提取无叶期冠幅

图 3－24　乔木冠幅宽度估测结果

表 3－12　不同时期冠幅宽度的 RMSE 计算结果

植被不同状态	估测算法	RMSE/m
有叶期	层堆叠算法	0.729
	DBSCAN 与 K-Means 结合算法	0.394
无叶期	层堆叠算法	0.732
	DBSCAN 与 K-Means 结合算法	0.587

由图 3－24 和表 3－12 所展示的结果来看，两种算法在反演冠幅宽度的精度上差距较大，但无论是在有叶期还是无叶期时，DBSCAN 与 K-Means相结合算法反演的冠幅宽度精度均要优于层堆叠算法估测的冠幅宽度精度。这一结果表明，DBSCAN 与 K-Means 相结合的算法与层堆叠算法相比，更适用于估测研究区域内乔木的冠幅宽度这一单木参

数，且植被有叶期的估测精度要优于无叶期。这是由于植被叶片存在时，激光点落在树冠边界处的概率大于落在无叶植被的枝干边界，这时获取的激光点云密度较大，激光点能尽可能地记录下完整的冠幅信息。当叶片脱落时，激光点可能不会恰好落在植被的枝干边界。因此，无叶期时的冠幅边界探测精度不如有叶期。

(3)胸高直径提取结果及精度验证。在激光点云数据外业测量的过程中，由于机载 LiDAR 处于空中，不易完整地扫描到植被冠层下的枝干信息，容易造成部分树干信息的缺失。因此，本研究在估测矿区植被的胸高直径时，利用了便携的背包式激光雷达对矿区样地内的植被进行扫描。利用前文提到的对植被相应位置处的点云进行圆的拟合，计算该圆的直径，即可得到该株植被的胸高直径值。将利用点云数据估测的单木胸高直径与野外实测单木胸高直径进行比较，结果如图 3-25 所示。

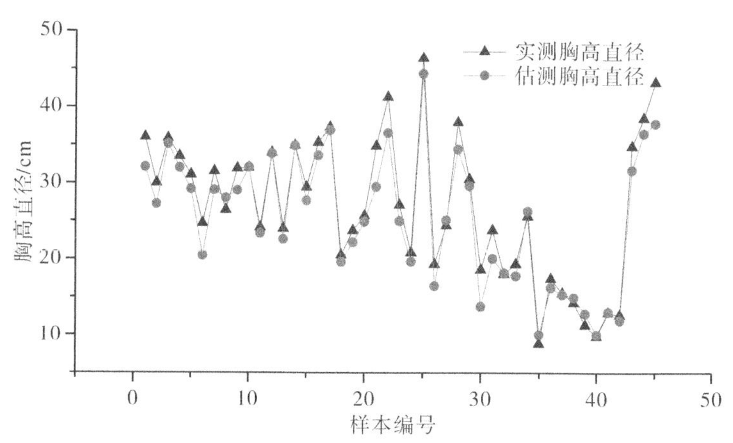

图 3-25 实测胸高直径与估测胸高直径比较图

由图 3-25 可知，矿区中所选择的乔木样本的胸高直径多数在 20 cm至 40 cm 之间。点云数据估测的乔木胸高直径与实测胸高直径相比相对较小，这是由于在对树干胸高直径处的点云数据进行拟合圆的过程时，存在少数点未被包含在圆内造成的。同时由图 3-25 可以看出，两者之间的差值结果并不大，表明该方法用于估测矿区乔木的胸高直径是可行的。此外，利用估测的胸高直径与实地测量胸高直径建立回归模型，如图 3-26 所示。

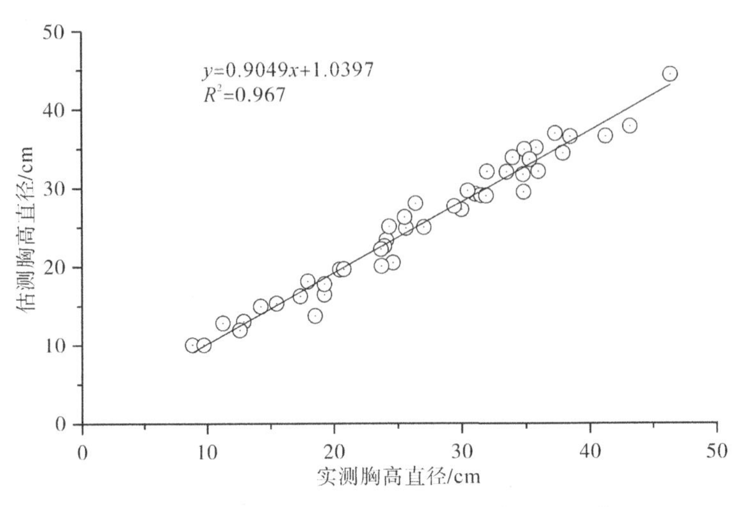

图 3-26　估测胸高直径与实测胸高直径间的关系

由回归结果可以看出，估测的胸高直径与实测胸高直径之间也存在着较好的线性关系，线性回归方程的决定系数 R^2 为 0.967，实测胸高直径与 LiDAR 点云估测胸高直径间的 RMSE 为 2.4 cm。这一结果说明，估测胸高直径值与实测胸高直径值的结果相近且相关性较好，表明利用点云数据对矿区乔木的胸高直径进行测量和估测是完全可行的，且便携的背包式激光雷达可以更精确地记录植被冠层下方的信息，便于计算其胸高直径这一单木参数。

3.3　多尺度 TWI 的采煤沉陷地土壤水分空间分布研究

3.3.1　概述

西部地区气候干旱少雨，生态环境脆弱，土壤作为植被的载体和复垦的主要对象，其含水量对于植物生长和土壤环境变化起着重要作用。本研究选取位于西部地区的陕北某煤矿为主要研究区，采用机载LiDAR技术获取采煤塌陷区高精度点云 DEM 数据，提取多尺度地形湿度指数(topographic wetness index，TWI)和地形因子，探究煤炭开采引发的地形变化对土壤水分空间分布的影响(朱小雅，2021)。矿区地处陕西省榆林市神木市西北部，面积约 119.77 km^2。以考考乌素沟河谷地带为界，矿区北部为黄土丘陵沟壑区，约占全区面积的三分之一。矿区南部为风沙滩地区，占井田面积的二分之一以上。根据两种地貌特征的不同，本研究在采煤沉陷区分别选取黄土丘陵沟壑区和风沙滩地区为试验区。北翼试验区面积 14.79 hm^2，为典型黄土丘陵地貌，沟壑纵横；南翼试验区面积 30.50 hm^2，整体地形垂直剖面近似呈“凹”字形。依据地形变化，考虑数据采集的丰富性，试验区样点布设如图 3-27 所示。研究区土壤水分实测数据利用 Takeme-10 水分速测仪获取，可得到土壤容积含水率，水分测量范围为 0～100%。

(a)北翼

(b)南翼

图 3-27 研究区及样点位置

3.3.2 研究方法

1. 地形因子提取

点云数据采集时间为 2019 年 10 月 19 日至 20 日，通过南方公司 SZT-R250 移动测量系统、大疆 M600 无人机、GNSS 卫星定位系统和 NovAtel SPAN-IGM-S1 惯性导航系统获取。基于点云数据构建 0.2 m 高精度 DEM 数据，利用 ArcGIS 平台派生 1 m、5 m、10 m 和 15 m 不同尺度点云 DEM 数据，用于 TWI 和地形因子提取。

基于研究区 1 m 点云 DEM 数据，利用 ArcGIS 表面分析模块，提取高程、坡度、坡向（坡向正余弦）和曲率，作为地形因子分析其对土壤水分空间分布的影响，并将具有影响作用的因子作为自变量参与土壤水分空间分布回归模型的构建。坡向是一个周期性的旋转变量，本研究采用坡向正弦值和余弦值将坡向转化为表示东西向和南北向的 2 个亚变量，分别表示朝东和朝北的程度。

2. TWI 提取

地形湿度指数（TWI）是由 Kirkby 在 1975 年为了能够定量描述区域土壤水分空间分布情况而提出的。TWI 也是研究分析土壤在静态情况下含水量的一个非常重要的指标，一般情况下，TWI 与土壤水分成正比。TWI 计算方法较多，其中 Quinn 等（1995）提出的方法目前应用最为广泛，公式如下：

$$\omega=\ln\left(\frac{A_S}{\tan\beta}\right) \tag{3-18}$$

式中，ω 为地形湿度指数；A_S 为单位等高线上游汇水面积，也称单位汇水面积（specific catchment area，SCA）；β 为坡度（单位为度），$\tan\beta$ 即为以百分数表示的坡度。

基于 ArcGIS 水文分析模块可获得单位汇水面积 A_S，公式如下：

$$A_S=\frac{\mathrm{CA}}{\mathrm{flowwidth}} \tag{3-19}$$

$$\mathrm{CA}=\mathrm{flowacc}\times a \tag{3-20}$$

式中，CA 为汇水面积；flowwidth 为流向宽度；flowacc 为填充洼地后的流量；a 为单位像元的面积。

3. 模型建立

利用 IBM SPSS Statistics 对土壤水分实测值与 TWI 和各地形因子进行回归分析，建立土壤水分空间分布多元回归模型，并进行检验。同时，对比分析采煤沉陷区不同地貌类型和各地形因子对土壤水分的影响程度。另外，获取矿区开采沉陷地黄土丘陵沟壑区和风沙滩地区的土壤水分空间分布状况，分析地貌类型对土壤水分空间分布差异的影响。

3.3.3 结果与分析

1. 地形因子分析

ArcGIS 表面分析模块的结果见表 3-13。

表 3-13 地形因子数理统计

地形因子	北翼				南翼			
	最小值	最大值	平均值	标准差	最小值	最大值	平均值	标准差
高程/m	1057.1	1174.1	1128.6	23.3	1089.5	1138.0	1123.0	8.4
坡度/(°)	0	87	25	16.8	0	80	6	4.7
坡向	0	360	155	97.8	0	359	167	84.7
曲率	-18687	5466	48	116.7	-9305	2334	-25	40.2

由两处试验区的高程和坡度对比发现:北翼试验区平均高程高于南翼,相对高差和标准差也较大,表明北翼地势较高、地形起伏较大;北翼平均坡度和标准差均较大,表明北翼坡度较陡,变化幅度较大,符合实际情况。两处试验区的坡向变化范围较为一致,覆盖较广,表明试验区存在各个方向上的坡度。两处试验区的曲率变化范围均较大,北翼曲率的标准差是南翼的 2.9 倍。

试验区 1 m 地形因子空间分布情况见图 3-28。

北翼为西北—东南向黄土梁,较大坡度在地势较低点附近分布;坡向按阴阳坡划分,西南多阳坡,东北多阴坡;曲率空间分布上差异不明显。南翼西南角地势较高,为长条形沙垄;最大坡度分布在北部沙丘地,整体较为平缓;坡向表现为西南多阴坡,东北多阳坡;曲率反映在空间上差异较小。

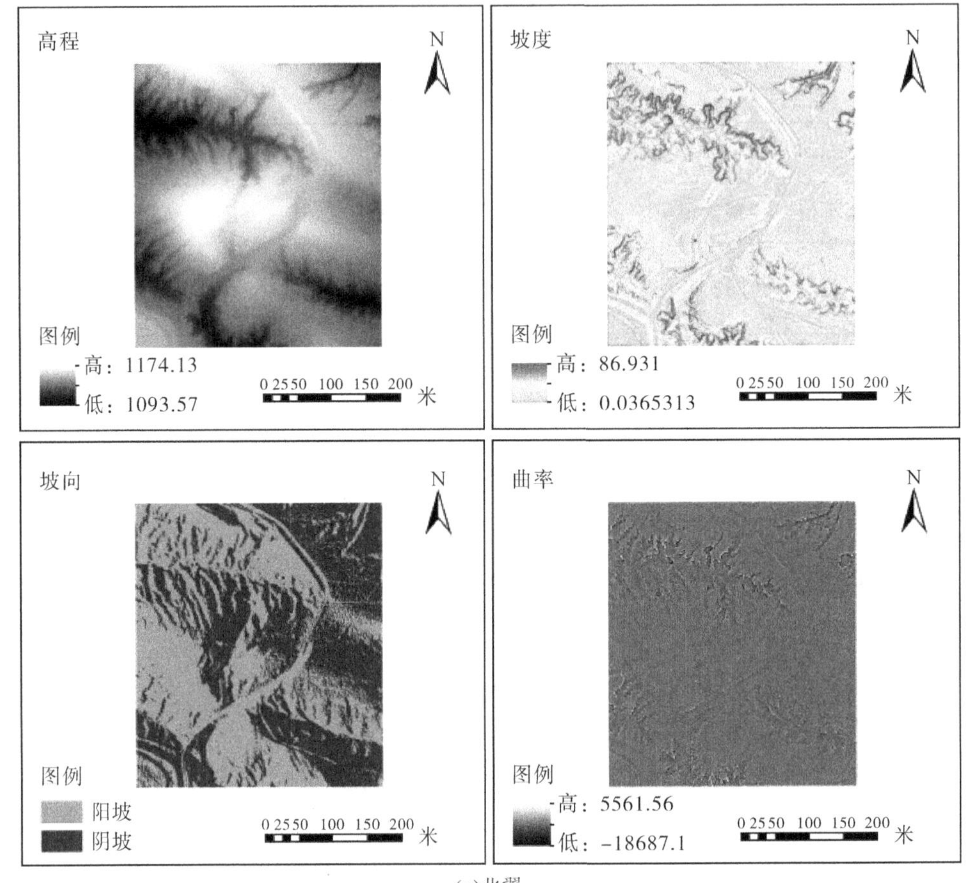
高程
N
图例
高：1174.13
低：1093.57
0 25 50 100 150 200
米
坡度
N
图例
高：86.931
低：0.0365313
0 25 50 100 150 200
米
坡向
N
图例
阳坡
阴坡
0 25 50 100 150 200
米
曲率
N
图例
高：5561.56
低：-18687.1
0 25 50 100 150 200
米

(a)北翼

(b)南翼

图 3-28 地形因子空间分布

2. 地形湿度指数分析

基于多尺度点云 DEM 提取研究区 TWI，进行数理统计分析。图 3-29 表明，随着 DEM 分辨率减小，南翼和北翼试验区 TWI 最大值逐渐减小，最小值和平均值逐渐增大。这一结果与已有 TWI 尺度效应研究结果一致（马慧慧，2017；冯园，2017；王海力 等，2016）。这主要是由于点云 DEM 分辨率减小的同时，单位像元面积增大，局部地形信息综合和弱化，导致 TWI 最大值和最小值向均值靠近，呈现相反变化趋势。南翼 10 m TWI 最大值和 15 m TWI 最小值略低于北翼，其余尺度 TWI 最大/小值和平均值均略高于北翼。

对试验区多尺度 TWI 值取整后进行频数统计分析，结果如图 3-30 所示。

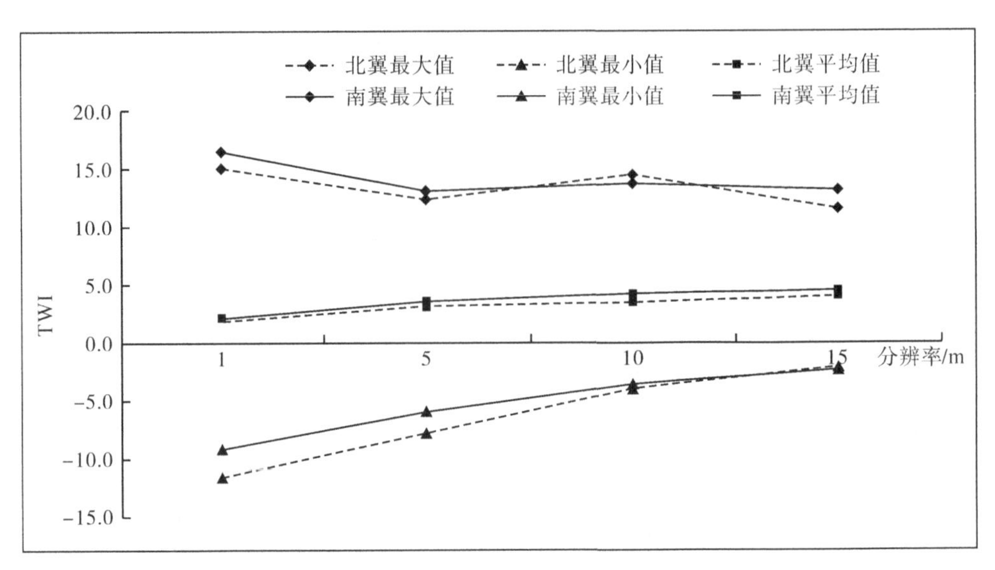

图 3-29　多尺度 TWI 最值和均值统计

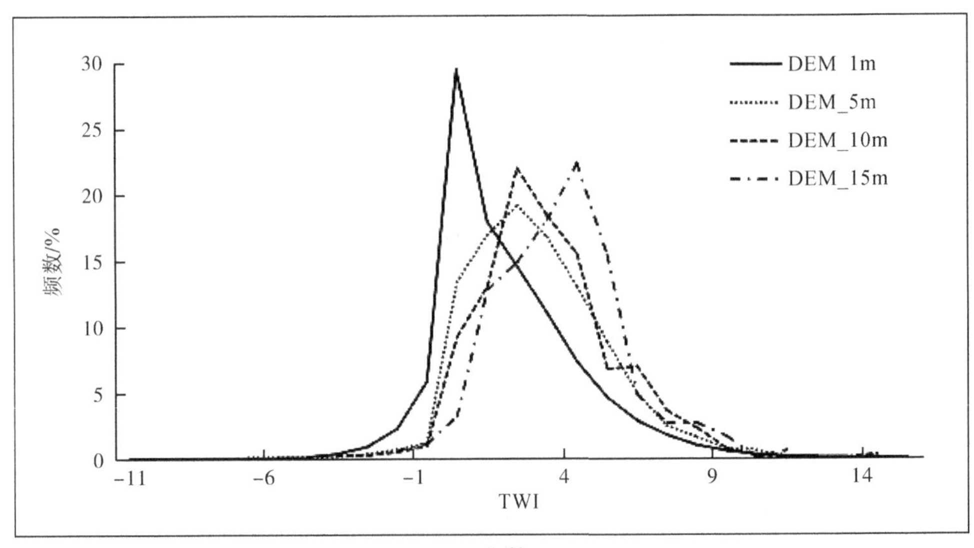

(a)北翼

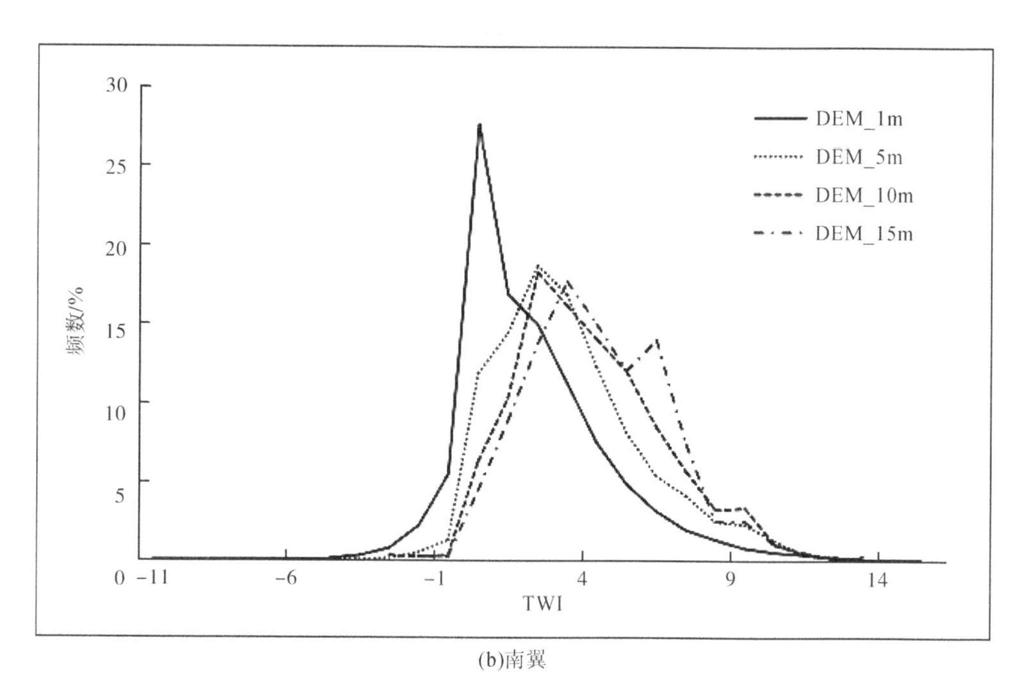

(b)南翼

图 3-30　多尺度 TWI 频数统计

由图 3-30 可知，北翼和南翼试验区多尺度 TWI 频数分布规律基本相似。当点云 DEM 分辨率逐渐减小时，两处试验区的 TWI 峰均向最大值方向移动，频数峰值增大，与 TWI 均值变化趋势保持一致，波峰的增加幅度随分辨率减小而减缓。采用上文公式提取 TWI 时，由于对数函数对自变量(0，+∞)的限制，使图像存在像元值缺失，故采用 IDW 对研究区 TWI 空间分布进行插值表达，如图 3-31 所示。

当分辨率为 1 m 时，两处试验区 TWI 细节信息的表达非常准确，但过于破碎，随着分辨率不断减小，达到 15 m 时，TWI 细节信息的表达逐渐弱化、综合。这一现象与 TWI 数理统计结果一致，反映在空间分布上表现为：随着分辨率不断减小，TWI 空间分布图像由破碎化不断趋向连续化、成片化。

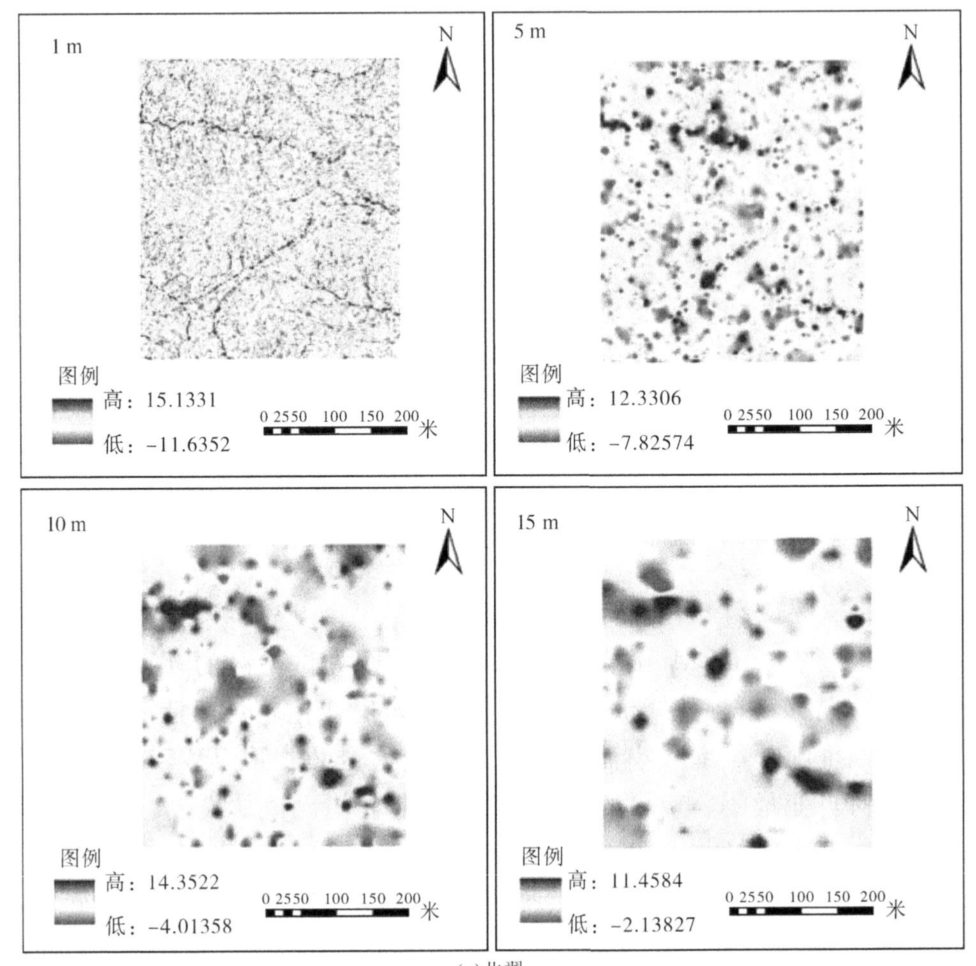
1 m
N
图例
高：15.1331
低：-11.6352
0 2550 100 150 200
米
5 m
N
图例
高：12.3306
低：-7.82574
0 2550 100 150 200
米
10 m
N
图例
高：14.3522
低：-4.01358
0 2550 100 150 200
米
15 m
N
图例
高：11.4584
低：-2.13827
0 2550 100 150 200
米

(a)北翼

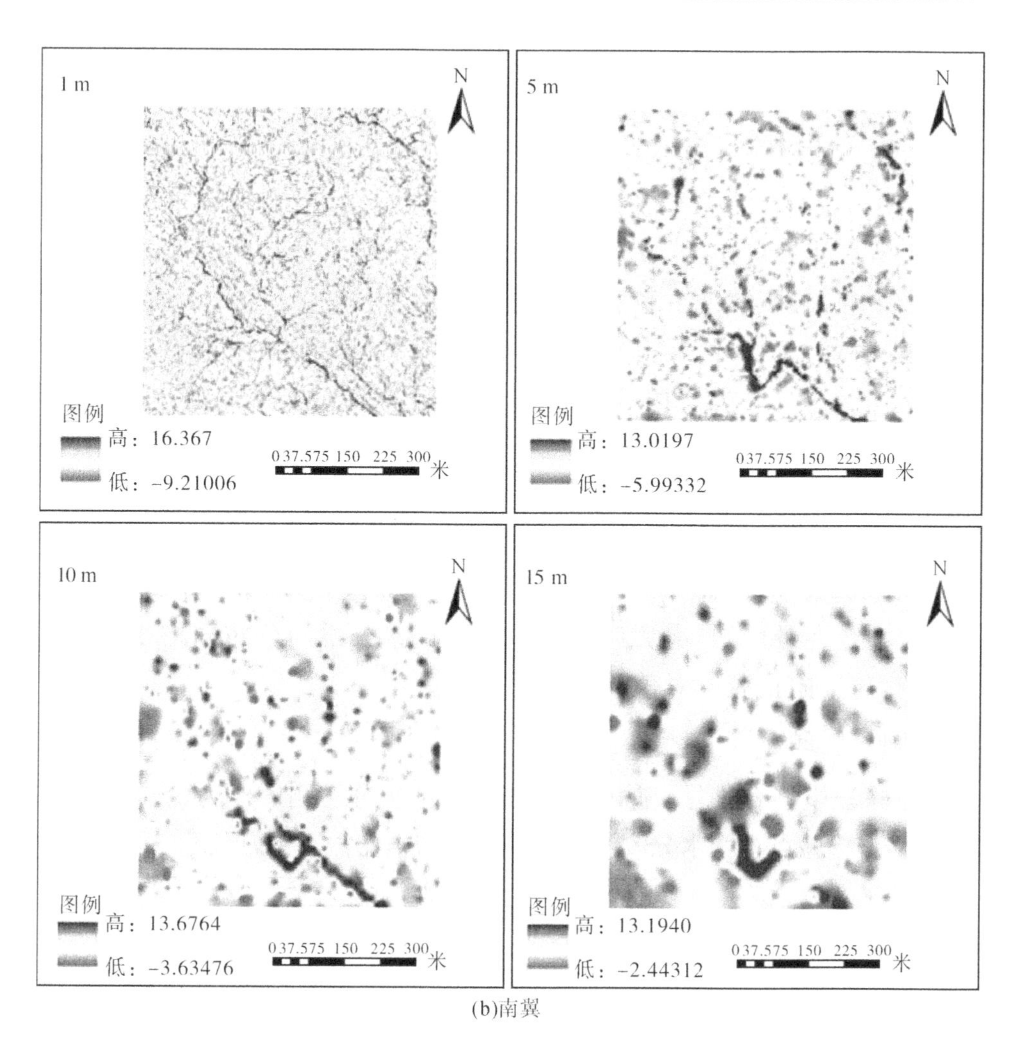

(b)南翼

图 3-31 TWI空间分布尺度变化

3. 土壤水分

1)回归建模

利用 IBM SPSS Statistics 回归分析模块，建立试验区土壤水分与 TWI 和地形因子之间的多元回归模型，其中，以试验区土壤水分实测值 θ_V 为因变量，TWI 和地形因子为自变量。回归分析可对地形因子进行筛选，从而建立试验区土壤水分空间分布多元回归模型。

(1)北翼。北翼土壤水分空间分布回归模型如下：

$$\theta_V = 14.427 - 0.359X_1 + 8.036X_2 \tag{3-21}$$

式中，θ_V为土壤水分的实测值；X_1为北翼 5 m TWI，X_2为北翼坡向正弦绝对值。

北翼土壤水分空间分布回归模型的 F 分值为 9.717，P 值为 0.010（$P<0.05$），R^2 为 0.660，故该模型具有统计意义，模型拟合度较好。由回归模型自变量可知，北翼黄土丘陵沟壑区土壤水分空间分布主要受坡向因子影响，与坡向正弦绝对值呈正比关系。

（2）南翼。南翼土壤水分空间分布回归模型如下：

$$\theta_V = 10.243 - 0.739X_3 - 2.147X_4 \tag{3-22}$$

式中，θ_V为土壤水分的实测值；X_3为南翼 15 m TWI；X_4为南翼坡向正弦绝对值。

南翼土壤水分空间分布回归模型的 F 分值为 8.621，P 值为 0.010（$P<0.05$），R^2 为 0.604，故该模型具有统计意义，模型拟合度较好。由回归模型自变量可知，南翼风沙滩地区土壤水分空间分布同样受坡向因子影响，与坡向正弦绝对值呈反比关系。

2）模型检验

为验证模型合理性，随机选取部分土壤水分实测值作为检验点，不参与建模，作检验点土壤水分实测值和模型模拟值的散点图，见图 3－32。

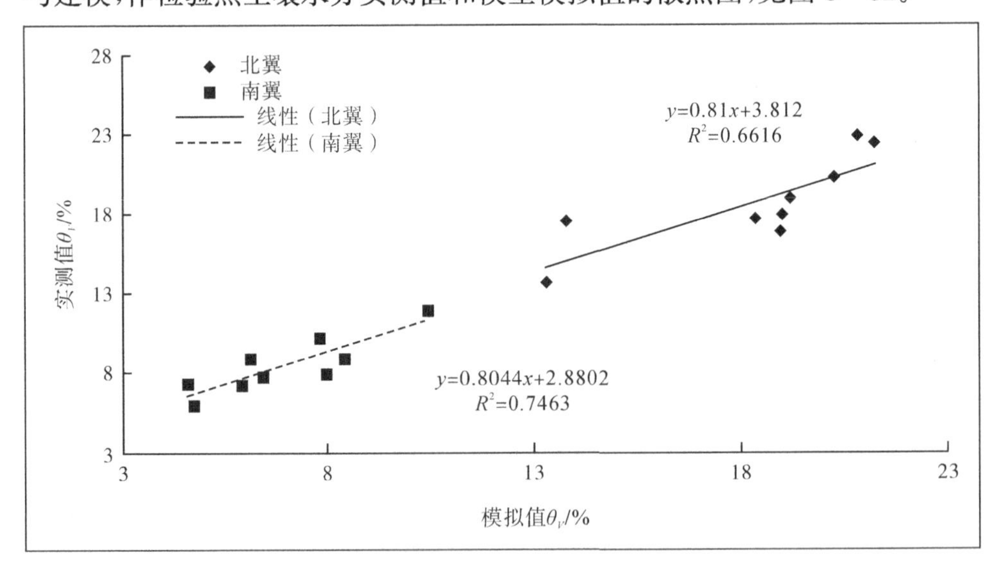

图 3－32　土壤水分空间分布回归模型精度检验

模型检验结果显示：北翼和南翼土壤水分模拟值与实测值线性正相关，趋势拟合线 R^2 均达到 0.65 以上，表明本研究所建立的土壤水分空间分布回归模型可用于黄土丘陵沟壑区和风沙滩地区土壤水分空间分布的模拟。

3）土壤水分空间分布

利用 ArcGIS 栅格计算器工具，结合 TWI 和坡向因子，计算研究区土壤水分模拟值。北翼土壤水分范围为 14.03%～21.67%，平均值为 18.35%，标准差为 1.353%；南翼土壤水分范围为 3.70%～11.03%，平均值为 6.83%，标准差为 1.237%。可见，北翼土壤水分含量高于南翼。依据试验区土壤水分计算结果，按照水分由低到高依次划分为 5 个等级，即Ⅰ、Ⅱ、Ⅲ、Ⅳ和Ⅴ（见表 3－14）。

表 3－14　土壤湿度等级阈值划分

阈值划分/%	湿度等级	像元占比/%	
		北翼	南翼
<7	Ⅰ		55
[7,10)	Ⅱ		44
[10,16)	Ⅲ	3	1
[16,19]	Ⅳ	61	
>19	Ⅴ	36	

由表 3－14 可知，北翼土壤湿度 3%为Ⅲ级，61%为Ⅳ级和 36%为Ⅴ级，无Ⅰ、Ⅱ级区域；南翼土壤湿度 1%为Ⅲ级，55%为Ⅰ级和 44%为Ⅱ级，无Ⅳ、Ⅴ级区域。从像元统计结果看，北翼土壤超过 90%像元为Ⅳ、Ⅴ级，而南翼超过 90%像元为Ⅰ、Ⅱ级，表明北翼黄土丘陵沟壑区土壤湿度比南翼风沙滩地区土壤湿度大。

依据土壤湿度等级划分，绘制试验区土壤水分空间分布图，见图 3－33。

由图 3－33 可知，北翼土壤多为Ⅳ、Ⅴ级，南翼多为Ⅰ、Ⅱ级。结合坡向因子空间分布图可以发现，北翼黄土梁南坡（阴坡）土壤湿度等级普遍高于北坡（阳坡），南翼则存在滩地土壤湿度等级比沙丘阳坡向高的现象。这一现象表明，坡向对土壤水分空间分布差异有影响，且阴坡土壤水分普遍高于阳坡。

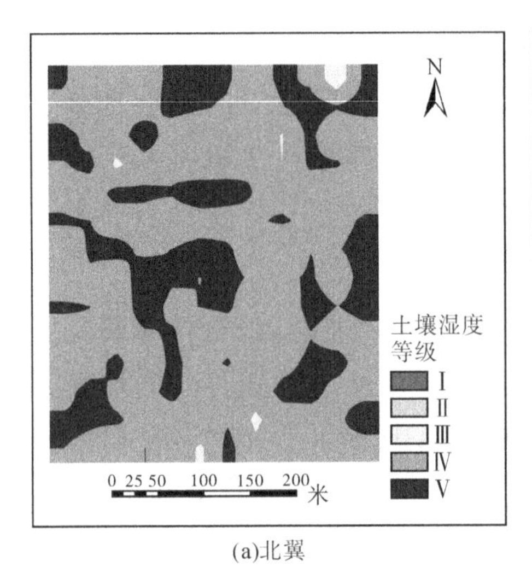

(a)北翼

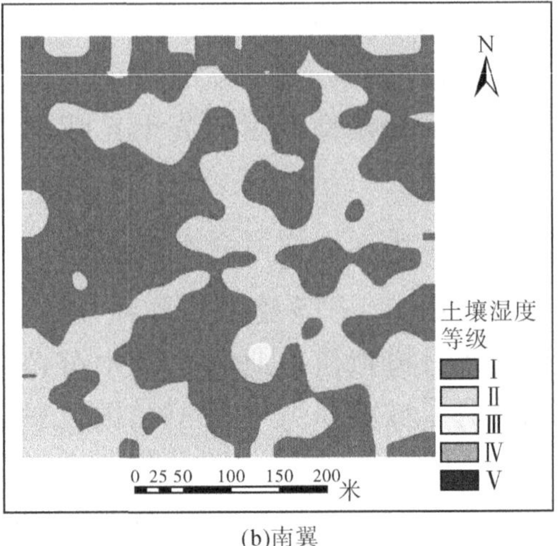

(b)南翼

图 3-33 土壤水分空间分布

3.3.4 讨论分析

(1)采煤沉陷区地表沉降的过程是一个动态变化的过程,随着地下开采工作面的推进,地表沉陷的速度和程度均会发生变化。本研究采用无人机获取矿区点云 DEM 的方法,具有及时、快速且分辨率高的特点,可及时获取采煤沉陷区地表信息,具有实时监测与研究的优势。利用 ArcGIS 派生多尺度 DEM,可用于提取多尺度的 TWI 和地形因子信息,丰富了土壤水分影响因子的尺度,提高了模型的精度。

(2)本研究采用回归分析方法建模,利用多尺度 TWI 和地形因子,结合土壤水分实测数据,分别建立了黄土丘陵沟壑区和风沙滩地区的土壤水分空间分布回归模型,并通过检验,表明该研究方法对于模拟采煤沉陷区土壤水分空间分布状况具有可行性。

(3)结合本研究所建立的土壤水分回归模型和地形因子的空间分布模型,黄土丘陵沟壑区和风沙滩地区的土壤水分空间分布显著受到坡向因子的影响,表现为阴坡的土壤水分普遍高于阳坡。坡向对研究区土壤水分空间分布差异的影响可能是由于阴、阳坡日照差异所致。黄土丘陵沟壑区土壤水分要远高于风沙滩地区,产生这一现象的原因可能是地表黄土的持水性高于沙土。此外,土壤水分的空间分布还受到降雨量、降雨时间和植被类型的影响,需要进一步研究。

本章主要参考文献

陈超,何新月,傅姣琪,等,2019.基于缨帽变换的农田洪水淹没范围遥感信息提取[J].武汉大学学报(信息科学),44(10):1560-1566.

陈佳乐,肖武,任河,等,2018.无人机在高潜水位采煤沉陷土地测绘中的应用[J].中国煤炭,44(07):131-137.

陈朋弟,黄亮,姚丙秀,等,2020.2003年～2017年中国各省市人口出生率空间格局多角度分析[J].贵州大学学报(自然科学版),37(01):19-25.

陈秋计,朱小雅,侯恩科,等,2020.矿区复垦林地生态修复无人机监测研究[J].煤炭科学技术,48(10):192-197.

范立民,马雄德,蒋泽泉,等,2019.保水采煤研究30年回顾与展望[J].煤炭科学技术,47(07):1-30.

方帅,周亚楠,董张玉,2020.基于土壤水分实测数据的土壤线提取[J].合肥工业大学学报(自然科学版),43(11):1492-1499.

冯园,2017.基于精细DEM的地形湿度指数研究[D].西安:西北大学.

付虹雨,崔国贤,李绪孟,等,2020.基于无人机遥感图像的苎麻产量估测研究[J].作物学报,46(9):1448-1455.

高智梅,王竞雪,沈昭宇,2021.机载LiDAR建筑物点云渐进提取算法[J].测绘通报(08):7-13,36.

杭梦如,2020.基于LIDAR点云数据的矿区植被信息提取研究[D].西安:西安科技大学.

康世勇,2020.神东2亿t煤都荒漠化生态环境修复零缺陷建设绿色矿区技术[J].能源科技,18(1):18-24.

李丹,吴保生,陈博伟,等,2020.基于卫星遥感的水体信息提取研究进展与展望[J].清华大学学报(自然科学版),60(2):147-161.

李粉玲,常庆瑞,申健,等,2015.黄土高原沟壑区生态环境状况遥感动态监测:以陕西省富县为例[J].应用生态学报,26(12):3811-3817.

李清云,王振锡,崔婕,等,2018.基于TM数据的阿克苏市生态环境质量指数RSEI分级研究[J].天津农业科学,24(12):67-71.

李雪瑞，魏征，田松，等，2020. 无人机技术在海岛测绘中的应用[J]. 测绘通报(01)：150－153.

李喆，谭德宝，秦其明，等，2010. 垂直干旱指数在湖北漳河灌区遥感旱情监测中的应用[J]. 长江科学院院报，27(1)：67－72.

梁宇哲，谢晓瑜，郭泰圣，等，2019. 基于资源环境承载力的国土空间管制分区研究[J]. 农业资源与环境学报，36(04)：412－418.

刘瑞杰，2020. 基于多源遥感数据提取密云水库水体的方法效果探究[J]. 国土资源信息化(3)：50－57.

刘雪冉，胡振琪，许涛，等，2017. 呼伦贝尔草原 2000—2010 年土地覆盖变化的遥感监测与分析[J]. 中国农业大学学报，22(05)：118－127.

刘英，李遥，鲁杨，等，2019. 2000—2016 年黄土高原地区荒漠化遥感分析[J]. 遥感信息，34(02)：30－35.

刘英，鲁杨，李遥，等，2018. 关中平原干旱遥感监测指数对比和应用研究[J]. 干旱地区农业研究，36(6)：201－207.

吕国屏，廖承锐，高媛赟，等，2017. 激光雷达技术在矿山生态环境监测中的应用[J]. 生态与农村环境学报，33(07)：577－585.

马慧慧，2017. DEM 数据在流域水文分析与模拟中的尺度效应研究[D]. 焦作：河南理工大学.

马雄德，范立民，张晓团，等，2016. 基于遥感的矿区土地荒漠化动态及驱动机制[J]. 煤炭学报，41(08)：2063－2070.

马艳敏，郭春明，王颖，等，2018. 吉林省西部主要水体面积动态变化遥感监测[J]. 水土保持通报，38(5)：249－255.

农兰萍，王金亮，2020. 基于 RSEI 模型的昆明市生态环境质量动态监测[J]. 生态学杂志，39(6)：2042－2050.

潘婳婳，李长春，马潇潇，等，2018. Sentinel－2A 卫星大气校正方法及校正效果[J]. 遥感信息，33(05)：41－48.

任虹，2013. 推动矿区生态修复，着力建设矿山文明[J]. 科学之友(02)：155－156.

宋董飞，徐华，2018. DBSCAN 算法研究及并行化实现[J]. 计算机工程与应用，54(24)：57－61，127.

苏龙飞,李振轩,高飞,等,2021. 遥感影像水体提取研究综述[J]. 国土资源遥感,33(1):9-19.

王大钊,王思梦,黄昌,2019. Sentinel-2和Landsat8影像的四种常用水体指数地表水体提取对比[J]. 国土资源遥感,31(3):157-165.

王海力,韩光中,谢贤建,2016. 单流向法地形湿度指数尺度效应的不同地形区差异分析[J]. 地理与地理信息科学(04):23-29,127.

王恒,张强,戴慧,等,2019. 基于Sentinel-2A的耕地质量综合评价[J]. 北京测绘,33(10):1176-1181.

王佳,杨慧乔,冯仲科,等,2013. 利用轻小型飞机遥感数据建立人工林特征参数模型[J]. 农业工程学报(08):164-170.

王俊豪,管建军,魏云杰,等,2020. 基于无人机倾斜摄影的黄土滑坡信息多维提取与灾害评价分析[J]. 中国地质(09):1-21.

王玲,刘咏梅,常伟,等,2017. 基于Landsat 8 OLI影像的延河流域土壤线提取及其应用研究[J]. 水土保持通报,37(1):161-165,172.

王猛,隋学艳,梁守真,等,2020. 利用无人机遥感技术提取农作物植被覆盖度方法研究[J]. 作物杂志(3):177-183.

王帅,徐涵秋,施婷婷,2018. GF-1 WFV2传感器数据的缨帽变换系数反演[J]. 地球科学进展,33(06):641-652.

王双明,黄庆享,范立民,等,2010. 生态脆弱矿区含(隔)水层特征及保水开采分区研究田[J]. 煤炭学报,35 (1) :7-14.

王鑫,2021. 基于点云数据的矿区单木枝干骨架建模[D]. 西安:西安科技大学.

王喆,余江宽,路云阁,2019. 西部典型煤矿区水体污染遥感监测应用[J]. 生态与农村环境学报,35(4):538-544.

吴佳平,张旸,张杰,等,2019. 基于MODIS数据的淤泥质海岸水体指数比较与分析:以黄河三角洲海岸为例[J]. 国土资源遥感,31(3):242-249.

吴群英,苗彦平,陈秋计,等,2022. 基于Sentinel-2的荒漠化矿区生态环境监测[J]. 采矿与岩层控制工程学报,4(1):87-94.

伍超群,张绪冰,王耀,等,2020. 基于Landsat影像的木里煤田矿区植被覆盖提取及时空变化分析[J]. 测绘与空间地理信息,43(02):67-72.

肖武,任河,吕雪娇,等,2019.基于无人机遥感的高潜水位采煤沉陷湿地植被分类[J].农业机械学报,50(02):177-186.

谢兵,杨武年,王芳 2020. 无人机可见光光谱的植被覆盖度估算新方法[J]. 测绘科学,45(9):72-77.

徐涵秋, 2013. 城市遥感生态指数的创建及其应用[J]. 生态学报, 33(24): 7853-7862.

徐涵秋,2015. 利用改进的归一化差异水体指数(MNDWI)提取水体信息的研究[J]. 遥感学报,9(5):589-595.

徐轩,李均力,包安明,等,2019.新疆五彩湾矿区开发对荒漠植被的扰动分析[J].地球信息科学学报,21(12):1934-1944.

杨丹阳,严颂华,杨永立,等,2021. 基于多时相高分一号影像的土壤湿度反演[J]. 科学技术与工程,21(11):4540-4549.

易秋香,2019.基于 Sentinel-2 多光谱数据的棉花叶面积指数估算[J].农业工程学报,35(16):189-197.

袁慧洁,2020.基于无人机遥感和面向对象法的简单地物分类研究[J].测绘与空间地理信息,43(03):113-117,123.

袁小翠,吴禄慎,陈华伟,2015.特征保持点云数据精简[J].光学精密工程,23(9):2 666-2 676.

张兵,李俊生,申茜,等,2021. 长时序大范围内陆水体光学遥感研究进展[J]. 遥感学报, 25(1):37-52.

张洪敏,张艳芳,田茂,等,2018. 基于主成分分析的生态变化遥感监测:以宝鸡市城区为例[J]. 国土资源遥感,30(1): 203-209.

张彤,2019. 区域自然保护与矿产资源开发协调策略研究[D].西安:西北大学.

张文军,2016. 三维激光扫描技术及其应用 [J]. 测绘标准化,32(2):42-44.

赵龙辉,曾强,杨洁,等,2019.淮南煤田阜康矿区地表植被覆盖度变化趋势分析[J].矿业安全与环保,46(06):113-118.

周岩,董金玮,2019. 陆表水体遥感监测研究进展[J]. 地球信息科学学报,21(11):1768-1778.

周艺，周伟奇，王世新，等，2004. 遥感技术在内陆水体水质监测中的应用[J]. 水科学进展，15(3)：312－317.

朱小雅，2021. 柠条塔煤矿采煤塌陷地土壤水分变化研究[D]. 西安：西安科技大学.

ASENOVA M，2018. Gis-based analysis of the tree health problems using uav images and satellite data[C]. International Multidisciplinary Scientific GeoConference Surveying Geology and Mining Ecology Management.

CHANG A J，EO Y D，KIM Y M，et al，2013. Identification of individual tree crowns from LiDAR data using a circle fitting algorithm with local maxima and minima filtering[J]. Remote Sensing Letters，4(1－3)：29－37.

CHEN Q J，WANG X，HANG M R，et al，2021. Research on the improvement of single tree segmentation algorithm based on airborne LiDAR point cloud [J]. Open Geosciences，13(1)：705－716.

ESTER M，KRIEGEL H P，XU X，1996. A density-based algorithm for discovering clusters in large spatial databases with noise[C]. International Conference on Knowledge Discovery and Data Mining，Portland，Oregon：AAAI.

FISHER A，FLOOD N，DANAHER T，2016. Comparing landsat water index methods for automated water classification in eastern Australia[J]. Remote Sensing of Environment(175)：167－182.

GOUTTE C，GAUSSIER E，2005. A probabilistic interpretation of precision，recall and f-score，with implication for evaluation [C]. European Conference on Information Retrieval.

KAMGA M A，FILS S C N，AYODELE，M O，et al，2020. Evaluation of land use/land cover changes due to gold mining activities from 1987 to 2017 using landsat imagery，East Cameroon[J]. GeoJournal，85(4)：1097－1114.

KIRKBY M J，1975. Hydrograph modeling strategies[M]. Oxford：

Oxford University Press.

LISIECKA E, MOTYKA B, MOTYKA Z, et al, 2018. Possibilities of surface waters monitoring at mining areas using UAV[C]. E3S Web of Conferences.

LIU S L, LI W P, QIAO W, et al,2019. Effect of natural conditions and mining activities on vegetation variations in arid and semiarid mining regions[J]. Ecological Indicators: Integrating, Monitoring, Assessment and Management(103):331 - 345.

MACQUEEN J,1967. Some methods for classification and analysis of multivariate observations[C]. Proceedings of the fifth Berkeley symposium on mathematical statistics and probability.

MCFEETER S K,1996. The use of the normalized difference water index (NDWI) in the delineation of open water features[J]. International Journal of Remote Sensing,17(7):1425 - 1432.

MORSDORF F, MEIER E, KOTZ B, et al, 2004. LIDAR - based geometric reconstruction of boreal type forest stands at single tree level for forest and wildland fire management[J]. Remote Sensing of Environment, 92(3): 353 - 362.

MOUDRY V, URBAN R, STRONER M, et al,2019. Comparison of a commercial and home-assembled fixed-wing UAV for terrain mapping of a post-mining site under leaf-off conditions[J]. International Journal of Remote Sensing,40(2):555 - 572.

QUINN P F, BEVEN K J, LAMB R,1995. The in(a/tan/β) index: How to calculate it and how to use it within the topmodel framework [J]. Hydrological Processes(19):56 - 67.

SHAO G L , ZHENG F B , DANIELS J L , et al, 2010. Spatio-temporal variation of vegetation in an arid and vulnerable coal mining region[J]. Mining Science & Technology(03):173 - 178.

SOLBERG S, NAESSET E, BOLLANDSAS O M, et al,2006. Single tree segmentation using airborne laser scanner data in a structurally heterogeneous spruce forest[J]. Photogrammetric Engineering and Remote Sensing, 72(12): 1369-1378.

URBAN R, STRONER M, KREMEN T, et al, 2018. A novel approach to estimate systematic and random error of terrain derived from UAVs: a case study from a post-mining site[J]. Acta Montanistica Slovaca, 23(3):325-336.

第4章　矿区生态环境评价

4.1　基于可拓理论的西部矿山生态修复评价

4.1.1　概述

合理评价复垦土地效果，是矿山生态环境保护和土地复垦监管的重要内容。准确的评价需要合适的分析方法。目前，评价复垦土地质量的方法有多种，每种方法各有优缺点（王丽 等，2017）。崔潇等（2021）通过单项养分含量，根据修正的内梅罗综合指数法，分析矿区土壤肥力高低；利用单因子指数法，分析土壤环境。胡振琪等（2017）分析了利用黄河泥沙充填采煤沉陷地的复垦土地的质量问题，并探讨了相应的解决途径。樊翔等（2021）分析了参照区模型在美国矿区土地复垦评价中的应用情况，并介绍了该模型在理论与实践方面的特点，为指导完善我国复垦土地评价提供了参考。杨洋（2019）综合单因子指数法和模糊数学方法，评价了东部矿区采煤塌陷区复垦土地质量水平以及重金属污染情况。现有的研究结果多关注于复垦耕地的质量评价，对林草类复垦土地关注较少。在西部生态脆弱区，林草地复垦方向是主要的利用方向，需要重点关注。毕银丽（2021）探讨利用微生物技术改良土壤结构，促进植被恢复。西部地区生态环境脆弱，应当立足于系统层面，综合分析治理区的地貌、水文、植被和土壤等相关环境要素，从山水林田湖草沙生命共同体的角度进行统筹，同时坚持人工修复为辅、自然恢复为主的原则，采用仿自然修复方案进行系统修复，切实践行绿水青山就是金山银山的修复理念。要实现以上目标，需要科学的理论进行指导，本章探讨将可拓学的相关理论应用于矿区生态修复的可行性，为西部矿区生态文明建设寻找适宜的技术与方法。

4.1.2　研究方法

1. 可拓理论

可拓学产生于20世纪80年代，是根据事物的可拓性，采用形式化的工具，从定性和定量的角度，寻找矛盾问题的解决方案。其主要理论是物元理论和可拓集合理论，其逻辑细胞则是物元。物元把事物的质和量有机统一，较好地描述客观事物的变化过程。物元的变换操作展现了事物的可拓性，通过推理和运算，为创造性思维提供了一种工具。结合可拓集合理论，可实现事物可拓性的定量描述（蔡文 等，2013；蔡文，1994）。目前可拓理论已应用到城市规划、新产品研发、企业营销、系统控制等领域，已成为一门新兴横断学科。

2. 矿山生态修复的物元表达

物元 R 是描述事物的基本元，它是由事物 N、特征 c 和相应的量值 v 组成的三元有序组合，表示为 $R=(N,c,v)$。如果某事物有 n 个特征 $(c_1,c_2,\cdots,c_n)$，对应着量值 $(v_1,v_2,\cdots,v_n)$，则称事物 R 为 n 维物元，可用矩阵 $\boldsymbol{R}=(N,C,V)$ 来表示（杨春燕 等，2002）。对于某复垦土地 A，其具有 n 个特征，采样物元模型可表达如下：

$$\boldsymbol{R}_A=\begin{bmatrix} \text{复垦土地}(A), & \text{有机质}(c_1), & 3\%(v_1) \\ & \text{坡度}(c_2), & 15^\circ(v_2) \\ & \vdots & \vdots \\ & \text{产量}(c_n), & 300\ \text{kg}(v_n) \end{bmatrix} \tag{4-1}$$

对于矿山生态修复中所遇到的矛盾问题，可以利用可拓学中可拓思维和可拓变换等工具，寻找解决办法。基于可拓模型的矿山生态修复的研究路径如图4-1所示。

3. 可拓优度评价方法

对于某一矛盾问题，通过可拓变换，提供了多种可能方案，这时就需要构造一种优选方法，对各种方案进行度量，筛选出较优的方案。可拓学提出了优度评价方法，帮助人们对事物、策略、方法等的优劣程度进行评价。在矿山生态修复中，可以采用可拓优度评价方法进行复垦土地效果分析评价，指导矿山生态系统不断提升改善，其评价流程如图 4－2 所示。

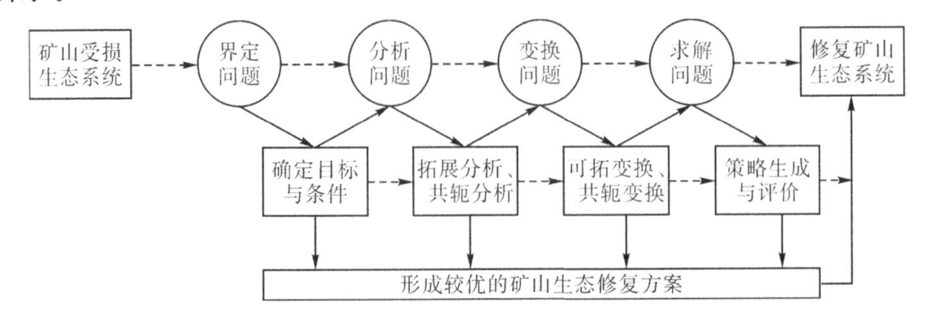

图 4－1　基于可拓模型的矿山生态修复路径示意（参考孙明（2010）的文献进行修改）

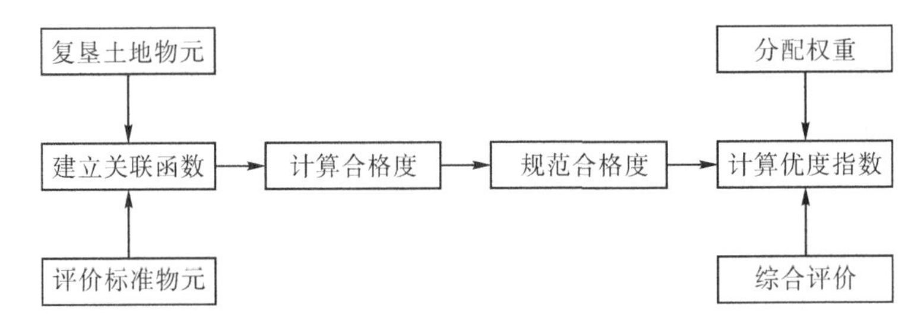

图 4－2　复垦效果可拓优度评价的基本流程

4. 可拓思维

可拓思维模式是利用事物的可拓性寻找矛盾问题的解决思路，主要有菱形思维、逆向思维、共轭思维和传导思维等类型（张一飞，2011；张炜，2013）。可拓思维是运用可拓学理论的关键所在，其采用形式化的方式描述与分析矿山生态修复的思维过程，可以有效地解决矿山生态修复中的模式创新、技术创新以及对创新思维结果如何评价等问题。本章采用菱形思维模式探寻矿山生态修复策略。菱形思维模式的基本过程是“先发散，后收敛”，首先利用物元的可拓性，派生出一批新物元，然后利用合适的评价方法收敛成少量的物元，其评价流程如图 4－3 所示。

（1）建立矿山生态修复物元 R。

（2）进行发散操作，寻求治理方案。利用事物的可拓性，对矿山生态修复物元 R 进行拓展分析或共轭分析，沿不同路径构建若干治理措施可行物元$\{R_{pi}, i=1,2,\cdots,n\}$。

（3）评价各类方案，进行收敛分析。根据矿山的治理条件、区位条件和修复目标的要求等，对新构建的系列物元 R_{pi} 进行评价分析，筛选符合要求的治理措施可行物元 R_{si}。

(4)进一步优化各类治理措施，形成较佳的修复方案物元 R_1。若不满足，回到步骤(1)，再次进行循环操作。

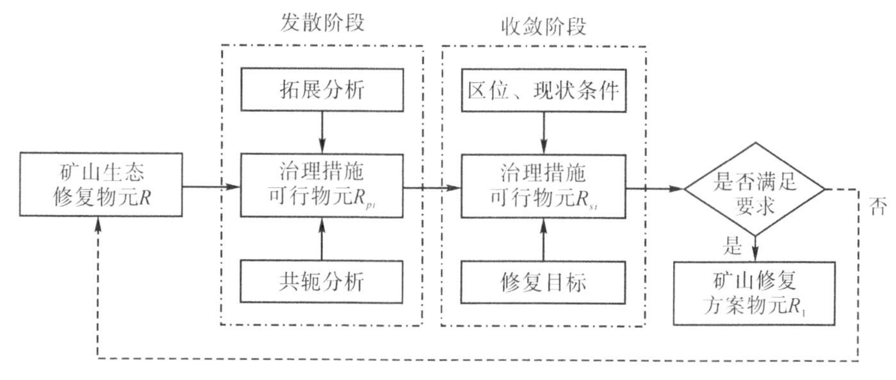

图 4-3 基于菱形思维的矿山生态修复

4.1.3 案例分析

1. 概况

本研究选取陕西彬长矿区的沉陷地为研究对象。矿山地处黄土塬梁沟壑区，属陇东黄土高原的东南段，为暖温带大陆性季风气候，黄绵土为区内主要土壤类型。矿山含煤地层为中下侏罗统延安组。矿区主要可采煤层为一特厚煤层，结构简单，全区分布，平均开采厚度为 10.64 m，埋深 100～890 m，地表被第四系黄土覆盖，土层厚度 50～200 m。塌陷对土地的影响主要是裂缝和台阶，需结合影响程度及时平整、充填裂缝，育林种草，营水保土，以减少水土流失。

2. 土地复垦质量评价

1)评价标准与复垦土地的物元表达

本研究选取沉陷区的六个复垦地块进行分析，其基础数据来源于徐崟尧(2018)的文献，复垦时间为 8～10 年。参考《土地复垦质量控制标准》(TD/T 1036—2013)的相关要求，结合当地条件及相关研究成果，选择具有显著性差异的指标构成评价标准。采用的物元模型表达如下：

$$\boldsymbol{R}_s=\begin{bmatrix} \text{评价标准}(S), & \text{地面坡度}(C_{s1}), & <20^\circ(V_{s1}) \\ & \text{土壤容重}(C_{s2}), & <1.45\ \text{g/cm}^3(V_{s2}) \\ & \text{土壤有机质}(C_{s3}), & >5\ \text{g/kg}(V_{s3}) \\ & \text{植被覆盖度}(C_{s4}), & >12\%(V_{s4}) \\ & \text{土壤全氮}(C_{s5}), & >0.3\ \text{g/kg}(V_{s5}) \\ & \text{土壤全磷}(C_{s6}), & >0.5\ \text{g/kg}(V_{s6}) \end{bmatrix} \quad (4-2)$$

对于沉陷区的六块复垦土地，采用物元模型的相关参数如表 4－1 所示。

表 4－1　评价对象元的基本情况

特征名称	各复垦土地物元的特征值					
	N_1	N_2	N_3	N_4	N_5	N_6
地面坡度/(°)	5	4	8	8	6	10
土壤容重/(g/cm^3)	1.14	1.08	1.14	1.12	1.21	1.28
土壤有机质/(g/kg)	8.94	9.65	9.80	10.86	7.35	3.26
植被覆盖度/%	33	65	53	70	45	0.1
土壤全氮/(g/kg)	0.35	0.62	0.35	0.58	0.37	0.27
土壤全磷/(g/kg)	0.74	1.38	0.74	1.25	0.78	0.56

2)基于可拓优度法的复垦效果评价

(1)关联函数及权重的确定。结合相关文献，确定评价对象相对于评价标准物元中各评价指标的关联函数如下：

①地面坡度

$$y_1=(20-x_1)/20 \quad (4-3)$$

式中，x_1 为评价对象的坡度特征值，单位：度。

②土壤容重

$$y_2=(1.45-x_2)/(1.45-1.0) \quad (4-4)$$

式中，x_2 为评价对象的土壤容重特征值，单位：g/cm^3。

③土壤有机质

$$y_3=\arctan(x_3-5)/1.6 \quad (4-5)$$

式中，x_3 为评价对象的土壤有机质特征值，单位：g/kg。

④植被覆盖度

$$y_4=\arctan(x_4-20)/1.6 \tag{4-6}$$

式中，x_4 为评价对象的植被覆盖度特征值，单位：%。

⑤土壤全氮

$$y_5=\arctan(x_5-0.3) \tag{4-7}$$

式中：x_5 为评价对象的全氮特征值，单位：g/kg。

⑥土壤全磷

$$y_6=\arctan(x_6-0.5) \tag{4-8}$$

式中，x_6 为评价对象的全磷特征值，单位：g/kg。

同时，选用层次分析法来计算评价指标的权重，并采用一致性指标(CI)和一致性比例(CR)进行一致性检验。

经计算，本研究的 CI=0.0009，CR=0.0007<0.1，满足要求。权重计算结果如表 4-2 所示。

表 4-2 复垦土地质量评价指标权重

评价指标	权重
地面坡度	0.095
土壤容重	0.046
土壤有机质	0.284
植被覆盖度	0.237
土壤全氮	0.197
土壤全磷	0.141

(2)计算合格度。

把评价对象 N_j 的特征值关于评价标准中的评价标准 C_{si} 的关联函数值记为 $K_i(N_j)$，则各评价对象 $N_1,N_2,\cdots,N_6$ 关于 C_{si} 的合格度为

$$K_i=(K_i(N_1),K_i(N_2),\cdots,K_i(N_6)) \quad (i=1,\cdots,6) \tag{4-9}$$

根据前文的关联函数(4-3)～(4-8)，计算出各评价对象的合格度，如表 4-3 所示。

表 4－3　评价对象的合格度

评价指标	评价对象					
	N_1	N_2	N_3	N_4	N_5	N_6
地面坡度(C_{s1})	0.750	0.800	0.600	0.600	0.700	0.500
土壤容重(C_{s2})	0.689	0.822	0.689	0.733	0.533	0.378
土壤有机质(C_{s3})	0.826	0.849	0.853	0.876	0.730	−0.656
植被覆盖度(C_{s4})	0.934	0.968	0.963	0.969	0.957	−0.950
土壤全氮(C_{s5})	0.050	0.310	0.050	0.273	0.070	−0.030
土壤全磷(C_{s6})	0.236	0.722	0.236	0.644	0.273	0.060

为了便于比较不同对象的优劣，必须把合格度进行规范化，方法如下：

$$k_{ij}=\begin{cases}\dfrac{K_i(N_j)}{\max K_i(x)}, & K_i(N_j)>0;x\in X_0;i=1,\cdots,6;j=1,\cdots,6\\[2ex]\dfrac{K_i(N_j)}{\max|K_i(x)|}, & K_i(N_j)<0;x\notin X_0;i=1,\cdots,6;j=1,\cdots,6\end{cases}\tag{4－10}$$

式中，k_{ij}是评价对象N_j的特征值关于评价标准C_{si}的规范合格度。

对表 4－3 中的合格度，依照公式(4－10)进行规范化处理，相应的规范合格度如表 4－4 所示。通过分析各评价指标的规范合格度可知，地面坡度在各评价对象间的差异较小，土壤全磷和土壤全氮在各评价对象间的差异较大。植被覆盖度和土壤有机质在N_1～N_5之间接近，N_6由于达不到标准要求，合格度受到惩戒，从而出现负值。

表 4－4　评价对象的规范合格度

评价指标	评价对象					
	N_1	N_2	N_3	N_4	N_5	N_6
地面坡度(C_{s1})	0.938	1.000	0.750	0.750	0.875	0.625
土壤容重(C_{s2})	0.838	1.000	0.838	0.892	0.649	0.459
土壤有机质(C_{s3})	0.943	0.969	0.974	1.000	0.834	−0.748
植被覆盖度(C_{s4})	0.963	0.999	0.993	1.000	0.987	−0.981
土壤全氮(C_{s5})	0.161	1.000	0.161	0.882	0.226	−0.097
土壤全磷(C_{s6})	0.326	1.000	0.326	0.892	0.378	0.083

(3)优度计算及结果分析。

评价对象 N_j 关于各评价指标 $C_{s1}, C_{s2}, \cdots, C_{s6}$ 的规范合格度为

$$\boldsymbol{K}(N_j)=\begin{bmatrix}k_{1j}\\k_{2j}\\\vdots\\k_{6j}\end{bmatrix}\quad(j=1,2,\cdots,6)\tag{4-11}$$

故评价对象 N_j 的优度值为

$$\boldsymbol{C}(N_j)=a\boldsymbol{K}(N_j)=(a_1,a_2,\cdots,a_6)\begin{bmatrix}k_{1j}\\k_{2j}\\\vdots\\k_{6j}\end{bmatrix}=\sum_{i=1}^{6}a_ik_{ij}\quad(j=1,2,\cdots,6)\tag{4-12}$$

式中,$(a_1,a_2,\cdots,a_6)$ 为评价指标的权重;$\boldsymbol{C}(N_j)$ 是评价对象 N_j 的优度值。

经过综合计算,各评价对象的优度值如表 4－5 所示。根据计算结果,N_2 复垦地块的优度值最高,其次是 N_4 地块,N_6 地块由于未采取治理措施,优度值最低。

表 4－5　评价对象的优度值

评价对象	优度值
N_1	0.701
N_2	0.991
N_3	0.699
N_4	0.933
N_5	0.681
N_6	－0.372

将计算的不同复垦对象的优度值与收割的草本生物量进行关联分析,相关系数为 0.846,说明两者间相关性较高。将优度值与生产力进行指数拟合(见图 4－4),R^2 值为 0.9586,说明利用优度值可以较好地解释生产力水平,可以作为评价复垦土地质量的一种工具。

由于可拓关联函数的值可正可负,因此优度值可以凸显评价对象的优劣程度。在此案例中,评估对象 N_6 由于未采取治理措施,其优度值出

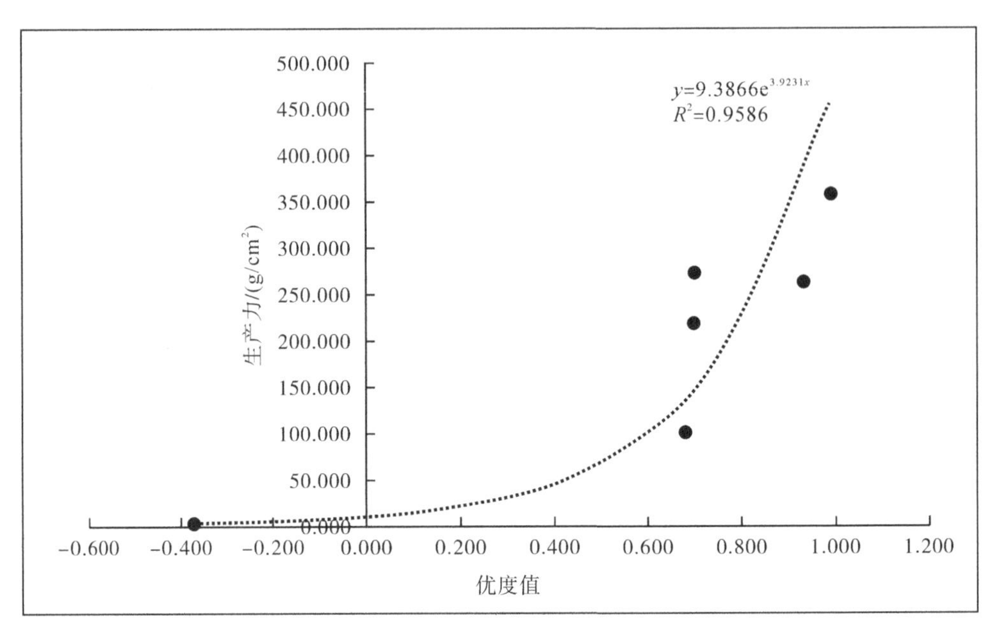

图 4-4 优度值与生产力的拟合图

现负值，综合值会显著降低，体现了评价函数的惩戒功能。再者，由于可拓集合能描述可变性，如果引入时间参数，可以从发展的角度去衡量对象的优劣。

3. 可拓生态修复策略

研究区地处黄土丘陵沟壑区，干旱少雨，矿山开采造成的地表变形主要是地裂缝。地表变形破坏了土地的完整性和原有的基础设施，导致塌陷区土壤水土流失加剧，土壤肥力和农作物生产力下降。因此，建议采用开发式治理模式，以矿山修复为切入口，既恢复矿山生态，又促进生态产业化，践行绿水青山就是金山银山的理念。为此，本研究可利用可拓学中的菱形思维方式，寻求修复策略。

首先，对损毁土地的问题利用物元模型进行表达：

$$\boldsymbol{R}_F=\begin{bmatrix}\text{损毁土地}(F), & \text{充填裂缝}(C_1), V_1\\ & \text{整治土地}(C_2), V_2\\ & \text{恢复生态}(C_3), V_3\\ & \text{提升效益}(C_4), V_4\end{bmatrix}$$

其次，针对损毁土地物元的各问题特征，利用发散思维方式，寻求可能的解决办法：

$$\boldsymbol{R}_{F1}=\begin{pmatrix}\text{损毁土地}(F),\\ \text{治理裂缝}(C_1),V_1\end{pmatrix}<\begin{cases}\text{机械施工，全域整地，裂缝全部充填}\\ \text{人机配合，微地貌改造，裂缝局部充填}\\ \text{减少人工干预，依靠自然恢复}\end{cases}$$

$$\boldsymbol{R}_{F2}=\begin{pmatrix}\text{损毁土地}(F),\\ \text{整治土地}(C_2),V_2\end{pmatrix}<\begin{cases}\text{黄土台塬，局部整地，修建条田}\\ \text{缓坡地带，沿等高线修建水平梯田}\\ \text{陡坡地带，鱼鳞坑或小台阶整地}\end{cases}$$

$$\boldsymbol{R}_{F3}=\begin{pmatrix}\text{损毁土地}(F),\\ \text{恢复生态}(C_3),V_3\end{pmatrix}<\begin{cases}\text{黄土台塬，种植农作物}\\ \text{缓坡地带，栽植林果}\\ \text{陡坡地带，栽植灌木，撒播牧草}\end{cases}$$

$$\boldsymbol{R}_{F4}=\begin{pmatrix}\text{损毁土地}(F),\\ \text{提升效益}(C_4),V_4\end{pmatrix}<\begin{cases}\text{专业化、规模化经营}\\ \text{发展特色农业}\\ \text{延长产业链，发展生态农业}\end{cases}$$

最后，经过菱形思维，然后进行收敛，形成相应的治理模式如下：根据裂缝分布的位置及其与地貌的关系，采用差异化的治理模式；结合土地利用要求，进行针对性的整地；充分利用地区的自然地理条件，发展特色农业，建设节水农业示范区、林果采摘园；采用“矿＋村＋农场”的经营模式，全面提升矿区的生态环境质量及综合效益。

4.1.4 结论与讨论

1. 结论

可拓学为矿区生态修复研究提供了不同的研究视角，为寻找创新策略提供了一种有效工具。本研究基于可拓学的相关理论和方法探讨了矿山生态修复问题，取得了以下主要成果。

(1)矿山生态修复的物元模型。从可拓学的角度，描述了矿区生态修复的物元表达及基于可拓思路的矿山生态环境问题的解决途径。

(2)基于可拓优度法的土地复垦效果评价。以可拓学中的优度评价法为指导，结合矿区的自然环境特点，选择衡量指标，参考《土地复垦质量控制标准》(TD/T 1036－2013)及相关研究成果确定评价要求，通过构建关联函数，计算复垦土地的规范合格度及优度值，然后根据优度值的大小评价复垦土地质量的高低。同时,将优度值与实测的生产力进行相关性分析,结果具有较高的相关性,说明利用优度值可以较好地解释复垦土地生产力水平,其可以作为评价复垦土地质量的一种工具。

(3)基于可拓思维模式,探寻生态修复策略。根据矿山的生态环境问题,构建矿山生态修复物元模型,并采用菱形思维模式,系统分析了塌陷裂缝治理、土地整治、生态恢复及效益提升的可行措施,探寻了矿山生态修复策略。

2. 讨论

可拓学是一门新兴学科,随着其理论不断完善和发展,将进一步促进其在矿山生态修复领域的应用,未来在以下几个方面可进一步加强研究。

1)基于可拓理论的矿山生态环境问题诊断

明晰矿山生态系统的损毁特征和退化机理是矿山生态修复的前提和基础。可拓学提供了定性和定量相结合的系统分析方法,可以从矿山的虚实、软硬、潜显、负正等层面进行全面分析,不仅能够更确切地判断问题所在,而且根据共轭分析还可以预测隐患,减少损失。同时,依据可拓集合的关联函数,可对生态环境问题进行评价。

2)基于可拓理论的矿山生态修复规划

矿山生态修复规划所需解决的矛盾问题众多,过程复杂,迫切需要寻找适合的理论。可拓学为矿山生态修复规划提供了一种定量化、形式化的模型表达工具,为矿山生态修复规划提供了理论与方法支持。将可拓学理论引入矿山生态修复规划,为矿山生态修复规划搭建一个解决规划矛盾问题的方法平台,为相关专题研究提供一个新的理论框架,有助于促进矿山生态修复的智能化与定量化发展。

3)基于可拓理论的矿山生态修复新材料和新工艺研发

采用物元模型框架表达生态修复的材料和工艺,利用物元的可拓性和可拓方法,从治理需要或从已有材料和工艺出发,通过物元变换或变换的运算,创新治理材料和修复工艺,或者改革现有材料和工艺,从而提升治理效率。

4.2 矿区生态服务价值变化研究

4.2.1 概述

神府新民矿区地处陕北黄土高原与毛乌素沙漠南缘地区，生态环境脆弱，随着煤炭资源的大量开采，改变了原有的生态系统结构和功能，影响了矿区生态环境和可持续发展。生态系统服务价值(ecosystem service valuation，ESV)是矿区生态保护、生态功能区划、自然资产核算和生态补偿决策的依据和基础，对于指导矿区生态文明建设具有重要意义。20世纪末，学者们逐渐开展以货币的形式对全球生态系统服务进行价值估算的研究，为认识生态系统的重要性提供了新的思路和方法，有力地推动了全球学者们对生态系统的研究，大幅提高了人们保护生态系统的意识(安国强 等，2022；郭宗亮 等，2022)。生态系统服务价值评估方法大致可分为基于单位服务功能价格的方法和基于单位面积价值当量因子的方法。基于单位面积价值当量因子的方法要求数据少，简单易算，比较适用于区域和中等尺度各类生态系统服务价值的评估(龙精华 等，2021；Wang et al.，2014；Costanza et al.，2014；谢高地 等，2015)。目前，关于矿区生态服务价值的研究主要集中在区域尺度上，从宏观上分析矿区生态服务价值的变化，而对中小尺度矿区生态服务价值及空间分布研究相对较少。本研究以神府新民矿区为研究对象，基于2000年、2010年和2020年的30 m空间分辨率土地利用数据，采用修正的单位面积生态系统服务价值当量因子法，对不同开采时期的生态系统服务价值进行估算，分析矿区生态系统服务价值的演化特征，以期为矿区生态系统的恢复和生态补偿提供参考。

4.2.2 研究区域与数据来源

1. 研究区概况

矿区位于陕北侏罗纪煤田东北部，地跨陕西省神木市和府谷县，是陕北能源重化工基地的重要组成部分。矿区处于毛乌素沙漠南缘，草原和黄土高原的接壤复合过渡地带，北、西以陕(西)(内)蒙(古)交界线为界，东至煤层露头，南与榆神矿区接壤，东西宽 50 km，南北长 30～60 km。矿区坐标为东经 110°05′～110°50′，北纬 38°52′～39°27′。矿区内现建有大柳塔、榆家梁、柠条塔、三道沟等一批大型特大型现代化矿井。研究区遥感影像如图 4-5 所示。

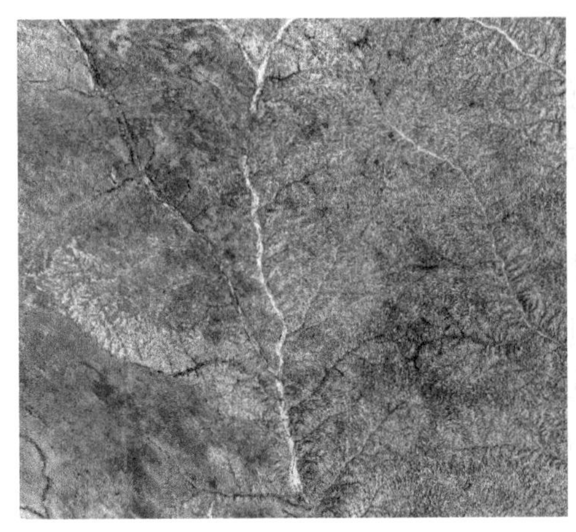

(a)2000年5月Landsat TM5遥感影像　　(b)2020年4月Landsat OLI8遥感影像

图 4-5　矿区遥感影像图

2. 数据来源

本研究使用的 2000 年、2010 年和 2020 年土地利用/覆盖数据为 30 m的全球地表覆盖数据 GlobeLand30(来源于 www.globallandcover.com)，采用 WGS-84 坐标系，投影方式采用 UTM 投影，且根据研究区的自然条件和生态服务价值估算的需要，将研究区的土地利用/覆盖分为耕地、林地、草地、湿地、水体、建设用地和裸地 7 大类型。遥感数据来源于地理空间数据云网站(http://www.gscloud.cn/)；粮食产量来源于《中国耕地质量等级调查与评定(陕西卷)》及陕西省统计年鉴；矿区范围来源于国家发改委、原国土资源部对外公告的首批煤炭国家规划矿区名单及范围。

4.2.3　研究方法

1. 生态系统服务价值的计算

Costanza 等(1997)把全球土地利用分为 16 种类型，为每种土地利用类型的服务功能赋予单位面积的价值，求和得出全球的生态系统服务价值。谢高地等(2015)根据中国实际情况，对该方法进行了改进，且通过对众多具有生态学背景的专业人员进行问卷调查，得出中国生态系统服务评估单价体系。同时，将单位面积的农田食物生产服务的价值当量设为1.0，得到其他土地类型与生态系统服务功能的对应价值当量。生态系统服务价值的计算公式为

$$\mathrm{ESV} = \sum_{f=1}^{n}\sum_{i=1}^{n} A_i \times F_{fi} \times V_0 \tag{4-13}$$

式中，ESV表示生态系统服务总价值，元；A_i为i类生态系统类型面积，hm^2；F_{fi}表示第i种生态系统类型的第f项生态系统服务功能单位面积价值当量因子；V_0表示一个标准当量因子的生态系统服务价值量，元/公顷。

单位面积价值当量因子可根据研究区农作物产量及粮食价格求得。根据相关研究，1个生态系统服务价值当量因子的经济价值量等于区域平均粮食单产市场价值的1/7(龙精华 等，2021；谢高地 等，2003)。陕西省2020年粮食平均收购价格为2.30元/千克，参考陕西省农用地分等的指标区的划分，以及土地利用等别和粮食产量数据，结合矿区所在的区位，计算出本研究区的单位当量因子的经济价值为1072元/公顷。

2. 生态系统服务价值的变化态势

本研究用生态系统服务价值变化幅度和变化程度来表述生态系统服务价值的变化态势，变化幅度定义为一定时段内生态系统服务价值的变化量，变化程度则定义为期间生态系统服务价值变化比例(刘慧明 等，2020)，计算公式如下：

$$\Delta E = E_t - E_{t0} \tag{4-14}$$

$$K = \Delta E / E_{t0} \times 100\% \tag{4-15}$$

式中，E_t、E_{t0}分别为区域研究期末和研究期初的总生态系统服务价值；ΔE为研究时段内生态系统服务价值的变化幅度；K为研究时段内生态系统服务价值的变化程度。为更清晰地刻画区域生态系统服务价值的变化态势，依据变化程度的大小，将其分为明显减少、较明显减少、基本持衡、较明显增加以及明显增加等5个类型，如表4-6所示(赵国松 等，2014；刘慧明 等，2017)。

表 4-6 变化程度类型划分

变化程度	类型	变化程度	类型
$K<-10\%$	显著减少	$5\%<K\leqslant 10\%$	明显增加
$-10\%\leqslant K\leqslant -5\%$	明显减少	$K>10\%$	显著增加
$-5\%<K\leqslant 5\%$	基本平衡		

3. 生态系统服务价值的变异程度

本研究采用变异系数(CV)对生态系统服务价值的空间分异进行定量表征。变异系数反映一组数据在平均值上的离散程度，可用于测定区域生态系统服务价值的空间差异程度。变异系数越大,表明研究地区生态系统服务价值差异程度越大(陈俊成 等,2019)。变异系数(CV)的计算公式如下：

$$\mathrm{CV}=\frac{1}{\mathrm{ESV}_{p0}}\sqrt{\frac{\sum_{i=1}^{n}(\mathrm{ESV}_{pi}-\mathrm{ESV}_{p0})^2}{n}} \tag{4-16}$$

式中,n 为格网数目;ESV_{pi} 为第 i 个格网的生态系统服务价值;ESV_{p0} 为矿区单位格网生态系统服务价值的平均数。

4. 热点分析法

ArcGIS 平台中提供了基于 Getis-Ord $G_i{}^*$ 统计指数的热点分析工具(Hotspot Analysis)。通过计算各个单元之间的 Z 得分,可以直接在空间中反映高值区(热点区域)与低值区(冷点区域)的集聚,Z 值越高,说明热点区域的集聚越明显(Mitchell,2005;Ord et al, 1995)。其计算公式如下：

$$G_i^* = \frac{\sum_{j=1}^{n}\boldsymbol{w}_{i,j}x_j-\overline{X}\sum_{j=1}^{n}\boldsymbol{w}_{i,j}}{S\sqrt{\frac{n\sum_{j=1}^{n}\boldsymbol{w}_{i,j}^2-\left(\sum_{j=1}^{n}\boldsymbol{w}_{i,j}\right)^2}{n-1}}} \tag{4-17}$$

式中,x_j 为要素 j 的属性值;$\boldsymbol{w}_{i,j}$ 为要素 i 与要素 j 之间的空间权重矩阵;n 为要素总数;其中

$$\overline{X}=\frac{\sum_{j=1}^{n}x_j}{n} \tag{4-18}$$

$$S = \sqrt{\frac{\sum_{j=1}^{n} x_j^2}{n} - (\overline{X})^2} \tag{4-19}$$

5. 核密度分析

核密度估计被广泛应用于点数据的空间集聚分析。本研究以核密度分析研究地质灾害点的空间分散或集聚特征，地质灾害点在空间上越集聚，核密度值越高，表明采矿对生态环境的影响程度越大。同时，本研究通过叠加分析，研究生态服务价值变化与地质灾害空间分布的关系。

4.2.4 结果与分析

1. 土地利用/覆盖变化分析

对比2000年、2010年、2020年研究区各类土地面积及变化情况(见表4-7)可知：研究区的主要土地利用类型为草地，其次为耕地。2000—2020年，草地大量减少，林地和水体也有所减少，建设用地大幅增加，裸地也有所增加，耕地总体略有增长。这说明矿业开发需要大量建设用地，占用了草地和林地；采矿活动导致水体面积减少，废弃地面积增加。从时间段来看，2010—2020年土地变化程度较为剧烈。

表4-7 研究区土地利用/覆盖变化

时段	指标	土地类型					
		耕地	林地	草地	水体	建设用地	裸地
2000年	面积/hm^2	33775.48	2571.35	224775.53	685.23	876.23	473.26
	比例/%	12.83	0.98	85.41	0.26	0.33	0.18
2010年	面积/hm^2	34025.86	2547.57	223131.68	243.27	2692.11	516.61
	比例/%	12.93	0.97	84.79	0.09	1.02	0.20
2000—2010年	面积变化/hm^2	250.38	−23.79	−1643.86	−441.96	1815.88	43.34
	变化率/%	0.74	−0.93	−0.73	−64.50	207.24	9.16
2020年	面积/hm^2	34584.92	2295.22	203354.39	418.91	21832.41	671.24
	比例/%	13.14	0.87	77.27	0.16	8.30	0.26

续表

时段	指标	土地类型					
		耕地	林地	草地	水体	建设用地	裸地
2010—2020年	面积变化/hm^2	559.06	−252.35	−19777.29	175.63	19140.30	154.64
	变化率/%	1.64	−9.91	−8.86	72.20	710.98	29.93
2000—2020年	面积变化/hm^2	809.44	−276.14	−21421.14	−266.32	20956.18	197.98
	变化率/%	2.40	−10.74	−9.53	−38.87	2391.63	41.83

2. 生态系统服务价值变化分析

从表4-8和表4-9可以看出，矿区大量的草地和林地提供了较大的支持服务功能，维持了区域的生物多样性和保持了土壤的质量。由于耕地和水体面积较少，矿区生态系统的供给服务和文化服务价值较低。随着矿区土地利用/覆被变化，矿区生态服务价值（ESV）呈现出降低的趋势。从2000年的3209.56×10^6元减少到2020年的2927.46×10^6元，降低了8.79%，属于明显减少，其中2010—2020年降幅较大，达到−7.62%。从生态服务的各种类型来看，调节服务中的水文调节变化最大，其次是文化服务，最主要原因是水体面积大幅减少，导致矿区生态系统的蓄水和文化功能降低。

表4-8　研究区2000—2020年生态服务价值变化

生态系统服务功能		生态服务价值/(10^6元)			生态服务价值变化/(10^6元)		
一级类型	二级类型	2000年	2010年	2020年	2000—2010年	2010—2020年	2000—2020年
供给服务	实物生产	141.13	140.38	131.88	−0.75	−8.50	−9.25
	原材料生产	109.36	108.59	100.46	−0.77	−8.13	−8.90
调节服务	气体调节	399.82	397.02	364.59	−2.80	−32.43	−35.23
	气候调节	423.82	420.25	387.07	−3.56	−33.18	−36.75
	水文调节	419.24	407.77	378.44	−11.47	−29.33	−40.79
	废物处理	384.18	375.16	350.38	−9.02	−24.78	−33.80

续表

生态系统服务功能		生态服务价值/(10^6元)			生态服务价值变化/(10^6元)		
一级类型	二级类型	2000年	2010年	2020年	2000—2010年	2010—2020年	2000—2020年
支持服务	保持土壤	604.44	600.60	553.01	−3.84	−47.59	−51.43
	维持生物多样性	502.68	497.94	458.39	−4.74	−39.54	−44.29
文化服务	提供美学	224.91	221.27	203.24	−3.63	−18.03	−21.66
合计		3209.56	3168.98	2927.46	−40.58	−241.52	−282.11

表4-9 研究区2000—2020年生态服务价值变化程度分析

生态系统服务功能		生态服务变化率/%		
一级类型	二级类型	2000—2010年	2010—2020年	2000—2020年
供给服务	实物生产	−0.53	−6.06	−6.56
	原材料生产	−0.70	−7.49	−8.14
调节服务	气体调节	−0.70	−8.17	−8.81
	气候调节	−0.84	−7.90	−8.67
	水文调节	−2.73	−7.19	−9.73
	废物处理	−2.35	−6.60	−8.80
支持服务	保持土壤	−0.64	−7.92	−8.51
	维持生物多样性	−0.94	−7.94	−8.81
文化服务	提供美学	−1.62	−8.15	−9.63
合计		−1.26	−7.62	−8.79

3.生态系统服务价值时空分异特征分析

利用ArcGIS的渔网工具，以1 km×1 km的格网为研究单元，将研究区划分为2483个网格单元，计算每个格网的ESV，再利用ArcGIS的重分类工具将研究区按ESV划分为五个等级，一级最低，五级最高。由图4-6和表4-10、表4-11可知：2000年矿区ESV主要以二级、三级区为主，高级区主要分布在窟野河周边，单位公顷的ESV价值为12199.70元，空间CV值为0.0744。2010年矿区ESV主要以二级、三级区为主，三级至五级区的面积有所减少，一、二级区的面积有所增加，单位公顷的 ESV 价值为 12046.81 元，出现小幅降低，空间 CV 值为 0.0899，空间分异进一步增大。2020 年矿区 ESV 主要以一级、二级、三级区为主，三级区的面积大幅减少，一、二级区的面积增加较多，单位公顷的 ESV 价值为 11140.27 元，出现大幅降低，空间 CV 值为 0.1995，空间分异明显增大。

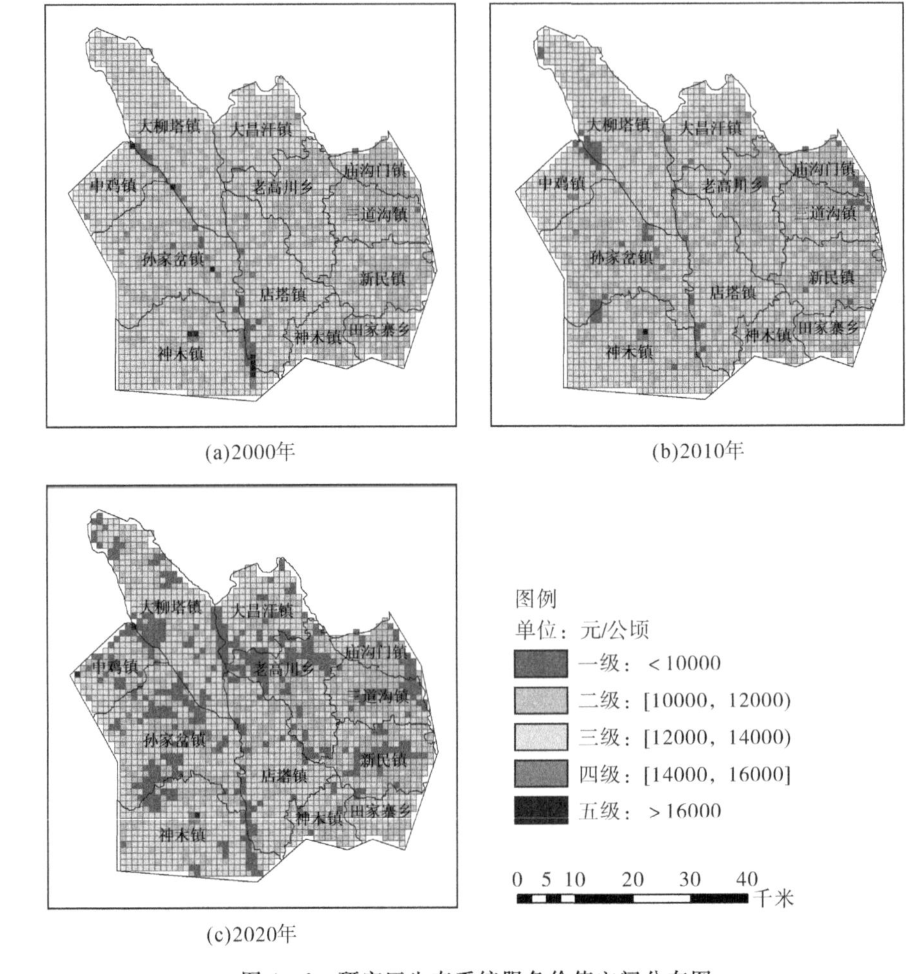

图 4-6　研究区生态系统服务价值空间分布图

表 4-10　研究区 2000—2020 年生态服务价值统计

时间	最大值/(元/公顷)	最小值/(元/公顷)	标准差/(元/公顷)	平均值/(元/公顷)	CV
2000 年	18595.63	3010.18	908.16	12199.70	0.0744
2010 年	18981.38	574.26	1082.83	12046.81	0.0899
2020 年	23444.44	0	2221.99	11140.27	0.1995

表 4－11 研究区 ESV 各级别面积比例统计

时间	面积比例/%				
	一级	二级	三级	四级	五级
2000 年	1.09	30.89	66.49	1.17	0.36
2010 年	2.62	33.71	63.07	0.56	0.04
2020 年	18.24	35.52	45.67	0.52	0.05

4. 生态系统服务价值的热点分析

以上文的渔网为单元，以 ArcGIS 中的热点分析为研究工具，得到研究区 2000 年、2010 年和 2020 年的 ESV 热点图(见图 4－7)。由图 4－7 可知，研究区 ESV 冷热点分布特征十分明显，但不同时段变化较大。2000 年 ESV 高值(热点)区主要分布在神木、中鸡、大柳塔和大昌汗等乡镇，低值(冷点)区主要分布在矿区东侧庙门沟、三道沟、新民等乡镇。2010 年 ESV 高值(热点)区和低值(冷点)区范围都呈现扩大的趋势，到 2020 年研究区集中连片的高值(热点)区大幅减少，仅在神木和大昌汗镇剩余小范围高值区，低值(冷点)区零散分布于各个乡镇。

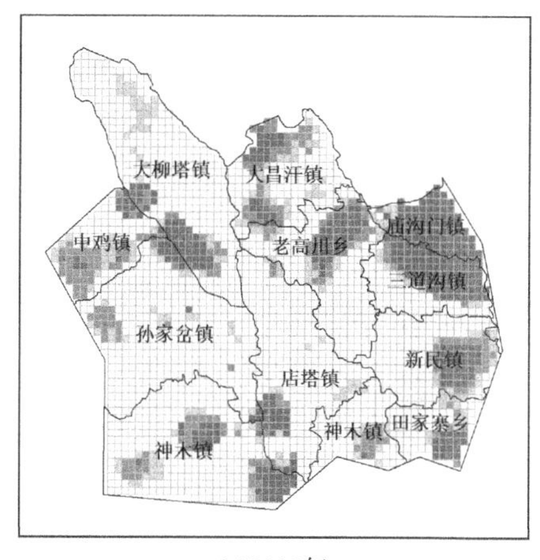

(a)2000年

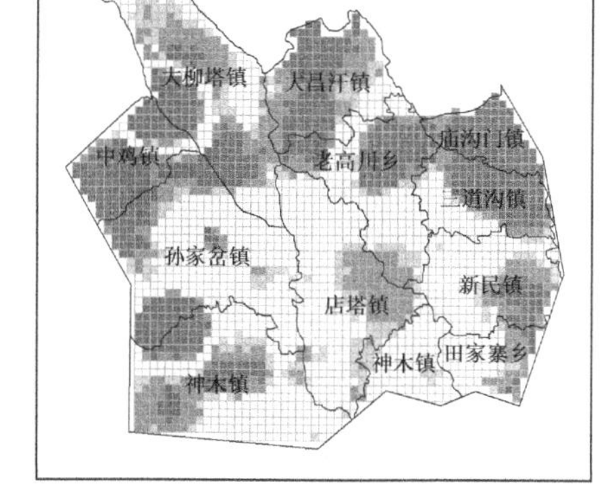

(b)2010年

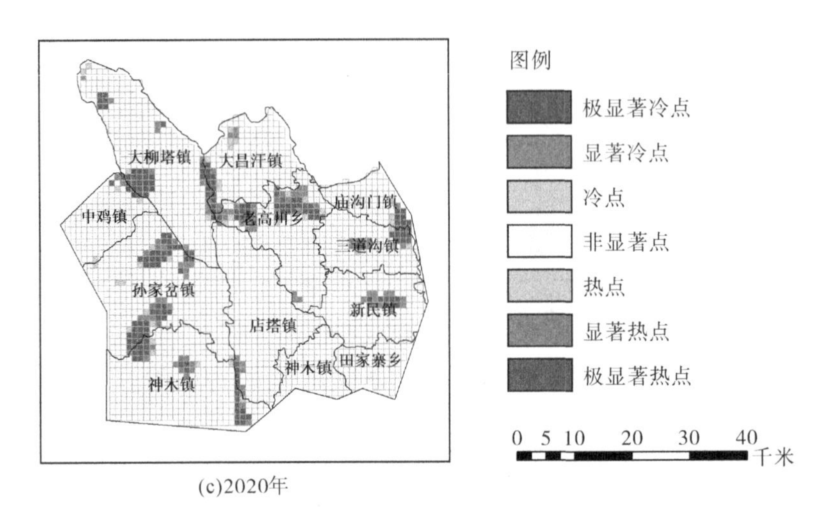

(c)2020年

图 4-7 研究区生态系统服务价值冷热点分布图①

5. 生态系统服务价值变化与矿山地质灾害的关联分析

从图 4-8 可以看出,矿区 ESV 增加的区域较少,显著减少的区域较多,主要分布在大柳塔、孙家岔、新民、老高川等乡镇,这些区域煤矿分布密集,对生态环境的影响强烈,同时结合研究区地质灾害点的核密度分布(见图 4-9),ESV 的减少区域与地质灾害核密度值较大的区域具有较高的相关性,进一步验证了采矿活动对生态服务价值的影响。

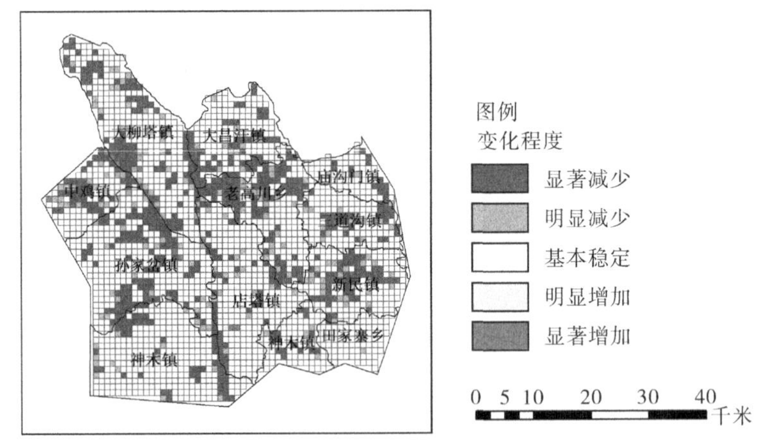

图 4-8 研究区 2000—2020 年生态系统服务价值变化程度分布图

① 极显著热点(冷点)代表 99%的置信水平;显著热点(冷点)代表 95%的置信水平;热点(冷点)代表 90%的置信水平。

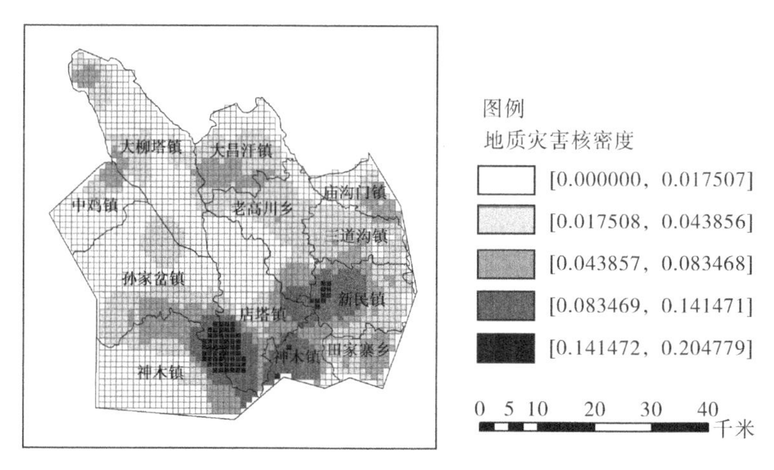

图 4-9 研究区地质灾害点核密度分布图

4.2.5 讨论与结论

1. 结论

(1)2000—2020 年,矿区的 ESV 呈现下降的趋势,说明煤炭资源开发对区域生态服务价值产生了重要影响。矿区煤炭资源丰富,开采条件优越,且 2000—2020 年煤炭工业取得了长足的发展,2000 年矿区的煤炭产量为 2574 万吨,2010 年达到 22071 万吨,2020 年增至 37798 万吨。2000—2020 年,矿区生态服务价值的平均下降速率为 24.15×10^6 元/年。

(2)矿产资源开采改变了矿区土地结构,导致区域生态服务价值发生变化。参考《煤炭工业工程项目建设用地指标——矿区行政、文教、卫生设施和矿区辅助企业部分》及矿区的矿井建设情况,每个煤矿的工业场地需占地约 25 公顷,目前矿区内建设有大中型煤矿 50 多个,还有众多的历史遗留小型煤矿。此外,道路等基础设施建设也需要占用大量土地,导致区域建设用地急剧增加。而且根据相关研究,该地区每开采万吨煤炭,损毁土地约 0.2 公顷,按照 2020 年的产量,每年损毁土地约 7560 公顷。土地由生态服务价值较高的林地、草地,变为生态服务价值较低的建设用地和裸地,导致区域生态服务价值大幅减少。

(3)矿产资源开发导致研究区生态系统服务价值空间差异程度增大,2000 年研究区的变异系数 CV 仅为 0.0744,到 2020 年,CV 增加到

0.1995。集中连片的ESV热点区大幅减少,区域土地利用破碎度增加,矿产资源开发所引发的地质灾害与ESV的降低在空间上具有一定的重叠度,进一步说明矿产资源开采对区域生态环境造成了严重影响。

(4)从生态服务类型的构成来看,一级大类中,调节服务和支持服务贡献较大,其中调节服务价值占比超过50%,支持服务的价值占35%左右,两者之和超过ESV总值的85%。在二级类型中,贡献最大的是支持服务,其价值占18%左右,其次是维持生物多样性,占比15%左右。

2. 建议

(1)建议进一步加大土地复垦力度,减少裸地面积。矿产资源开发产生了大量废弃地,降低了生态系统服务功能,2000—2020年,裸地增加了41.83%,因此需要采取措施,及时进行生态修复。

(2)建议优化开采工艺,保护地表水体。研究区处于半干旱地区,水资源相对匮乏,而地表有限的水体对于维护区域生态系统服务功能具有重要作用。2000—2020年,研究区水体面积减少了38.87%,对区域生态系统造成了重要影响,因此应优化开采工艺,保护地表水体。

4.3 矿产资源开发的环境适宜性评价

4.3.1 概述

矿产资源的开发利用为我国经济建设和社会发展作出了突出的贡献,有效地支持了我国经济的快速发展,但同时也对环境保护造成了一定的压力。本节选取陕南汉阴县为研究区,分析矿产资源开发的环境适宜性。本研究结果可为矿产资源规划部门合理有序地开发利用矿产提供依据,同时也对其他规划区的有序开采具有借鉴意义,从而最终实现资源开发与环境保护的协调发展。

4.3.2 矿产资源开发的环境适宜性评价模型

矿产资源开发环境适宜性评价就是结合研究区矿产资源开发的潜力,从环境角度评价矿产资源开发活动的适宜程度,从而为矿产资源规划和建设提供依据(吕敦玉 等,2011)。

1)研究方法

本研究采用综合代数法进行矿产资源开发的环境适宜性评价,计算模型如下:

$$V=\left[\sum_{i=1}^{n} w_i a_i\right]\times\prod_{j=1}^{m} b_j \tag{4-20}$$

式中,V为评价对象的分值;w_i,a_i为非约束性指标的权重和指标值;b_j为约束性指标的分值。

在建立研究区矿产资源开发的环境适宜性评价指标体系的基础上,对各评价指标进行逐一量化分级,并绘制单要素图,运用层次分析法计算各评价指标权重,对各单要素图件划分网格并赋予权重,应用数学评价模型计算最终适宜性综合值。在此基础上,应用ArcGIS软件根据建立的分区标准绘制研究区矿产资源开发的环境适宜性评价分区图。适宜性评价流程如图4-10所示。

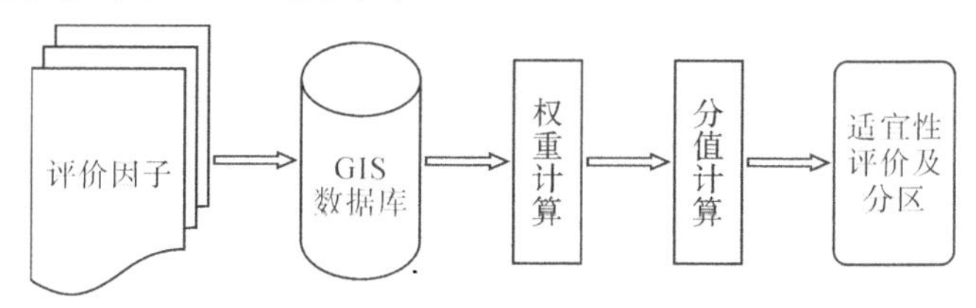

图4-10　适宜性评价流程图

2)评价指标的选择

国内学者现已建立的评价指标体系,主要是从矿产资源条件、区位条件以及社会经济条件等角度来构建的。本研究选用层次分析法来计算特征指标的权重。结合研究区的实际情况,本研究构建的环境适宜性评价指标体系见表4-12。

表4-12　环境适宜性评价因素因子及权重

序号	因素	权重	因子	权重	综合权重	备注
1	矿产资源条件	0.540	产业集聚度	0.297	0.160	
2			蕴藏经济价值	0.540	0.292	
3			调查程度	0.163	0.088	

续表

序号	因素	权重	因子	权重	综合权重	备注
4	区位条件	0.297	环境条件约束性	—	—	约束性指标
5			地质灾害易发性	0.089	0.026	
6			区位优势度	0.175	0.052	
7			交通便利度	0.488	0.145	
8			地形条件	0.248	0.074	
9	社会经济条件	0.163	农村人均收入	0.163	0.027	
10			劳动力资源	0.297	0.048	
11			工业产值	0.540	0.088	

3)数据处理

利用ArcGIS软件对各指标按分级标准逐一量化,生成专题图层。同时,采用栅格加权叠加,对单因子图进行复合,然后通过统计分析,确定定量评价的分区阈值。

4.3.3 矿产资源开发的环境适宜性评价

1.因素因子处理

1)矿产资源条件

(1)产业集聚度。产业集聚有助于加强地区内企业之间的经济联系,为企业发展创造更有利的外部条件。本研究根据研究区矿权的分布位置及矿区面积,结合核密度分析函数,进行空间集聚度分析。核密度函数如下:

$$\lambda(s) = \sum_{i=1}^{n} \frac{1}{\pi r^2} \varphi(\frac{d_{ls}}{r}) \tag{4-21}$$

式中,$\lambda(s)$代表地点s处的核密度估计;n代表样本数;r代表搜索半径;φ代表矿点l和s间距离d_{ls}的权重。

经过计算,研究区矿产资源开采产业集聚度核密度的值分布在0至0.4256之间,其中在城关镇东部,产业集聚度较高,分布有较多的矿山企业,开采矿种主要是建筑石材。根据核密度的统计值,采用自然断点法进行分级,结果如表4-13所示。由表4-13可和,一级区面积比例

7.79%,二级区面积比例15.16%,三级区面积比例77.05%。

表4-13 产业集聚分级及分值表

指标值	级别	含义	分值	面积比例/%
＞0.1	一级	集聚度高	90	7.79
[0.01,0.1]	二级	集聚度中等	60	15.16
＜0.01	三级	集聚度低	30	77.05

(2)调查程度。结合研究区的矿产资源发展规划,根据矿产资源调查的精细程度,将研究区的矿产资源调查程度划分为四个级别,详见表4-14。

表4-14 调查程度分级及分值表

矿产资源调查程度	级别	分值	比例/%
规划开采区	一级	90	8.94
勘查区	二级	60	26.03
调查区	三级	30	15.28
其他区域	四级	10	49.75

(3)蕴藏经济价值。根据各矿山企业所登记的储量,结合市场价值,估算潜在的经济价值,然后基于核密度分析函数,提取经济价值较高的热点区域,结果见表4-15。

表4-15 储量蕴含价值及分值表

价值	级别	含义	分值	比例/%
≥1.5亿元	一级	经济价值高	90	3.51%
＜1.5亿元	二级	经济价值一般	50	96.49%

2)区位条件

(1)环境条件约束性。在当前国土空间一张图的背景下,矿产资源应坚持开发与保护相统一,遵循“生态优先、布局合理、矿地统筹”的原则进行发展。此外,还应结合国土空间“三区三线”的初步研究成果,以及各类用地区的准入条件进行划区分级。

①生态保护红线区:生态保护红线区内原则上按禁止开发区域的要求进行管理。严禁不符合主体功能定位的各类开发活动,严禁任意改变用途,严格禁止任何单位和个人擅自占用和改变用地性质,鼓励按照规

划开展维护、修复和提升生态功能的活动。

②城镇开发建设区:因城镇开发建设区新规划暂未确定,本研究依据现有城镇用地,向周边扩展 500 m 设定城镇开发建设区,并以此为基础,进行前期预研究。

③永久基本农田保护区:根据研究区土地利用总体规划,规划主要将月河川道区、月河以北浅山丘陵区和汉江以北低山丘陵区连片集中且质量较高的耕地划入永久基本农田保护红线范围。

④环境约束指标分区:根据以上各分区的管控要求及矿产资源开发的特点,综合确定其对矿产资源开发适宜性的级别及分值,详见表 4-16。

表 4-16 环境约束性分级及分值表

区域分区	级别	分值	比例/%
其他区域	一级	90	57.85
基本农田保护区	二级	50	18.92
生态保护红线区、城镇集中建设区	三级	0	23.23

(2)地质灾害易发性。研究区地处秦巴山区,山高坡陡,沟谷切割较深,地质环境条件较差,地质构造复杂,地层岩性破碎;滑坡、崩塌、泥石流等地质灾害发育,且造成损失较大,是陕西省地质灾害严重县区之一。根据相关研究成果,本研究将地质灾害易发程度分为地质灾害高易发区、中易发区、低易发区和非易发区四级。同时,依据地质灾害易发性对矿产资源开发的影响,对矿产资源开发的适宜性进行分级,详见表4-17。

表 4-17 地质灾害易发性对资源开采适宜性的影响分级及分值表

地质灾害易发程度	级别	分值	比例/%
非易发区	一级	90	10.00
低易发区	二级	60	26.51
中易发区	三级	30	28.32
高易发区	四级	10	35.17

(3)区位优势度。矿产资源开发的原材料购买、日常生活、物流管理等主要依托附近的中心城镇,因此,本研究以到中心镇的空间距离为主

要指标，衡量矿山企业生产运营便利度，具体分级见表 4－18。

表 4－18　区位优势度分级及分值表

距中心城镇距离/km	级别	分值	比例/%
＜3	一级	90	31.27
[3,5]	二级	60	26.23
＞5	三级	30	42.50

(4)交通便利度。矿产资源主要通过周边的公路进行运输，因此距离公路的远近，直接影响资源开采的便利程度。本研究利用 ArcGIS 的缓冲区分析功能，进行交通条件优劣度分区，详见表 4－19。

表 4－19　交通条件分级及分值表

距公路距离/km	级别	分值	比例/%
＜1	一级	90	45.29
[1,3]	二级	60	39.58
＞3	三级	30	15.13

(5)地形条件。地形地貌是影响矿产资源开发的重要因素之一，一般来说，流域地形高差越大，山坡稳定性越差，崩塌、滑坡和泥石流等不良地质现象越容易发育，开发难度越大。本研究利用研究区 DEM 数据，对高程按照＜500 m 为河谷阶地、500 m≤高程＜1000 m 为低山区、1000 m≤高程≤1500 m 为中山区、高程＞1500 m 为高山区进行分类和统计，详见表 4－20。

表 4－20　地形条件分级及分值表

高程/m	级别	分值	比例/%
＜500	一级	90	22.42
[500,1000)	二级	60	54.34
[1000,1500]	三级	30	18.16
＞1500	四级	10	5.08

3)社会经济条件

(1)农村人均收入。衡量社会经济发展程度的主要指标是当地的农村人均收入。收入越高，对矿产资源开发的支持力度越大，越有助于矿产资源开发。根据相关统计资料，将研究区的农村人均收入分为三个级别，详见表 4－21。

表 4－21　农村人均收入分级及分值表

收入水平	级别	分值	比例/%
高	一级	90	19.12
中	二级	70	56.92
低	三级	50	23.96

（2）劳动力资源。周边劳动力资源的丰富程度，对矿产资源开发也有重要影响，劳动力越多，越有助于矿产资源开发。根据相关统计资料，本研究将研究区的农村劳动力分为三个级别，详见表 4－22。

表 4－22　劳动力资源分级及分值表

劳动力资源等级	级别	分值	比例/%
高	一级	90	22.97
中	二级	70	54.06
低	三级	50	22.97

（3）工业产值。工业产值越高，对资源的需求量越大，越有助于矿产资源开发。根据相关统计资料，本研究将研究区的工业产值分为三个级别，详见表 4－23。

表 4－23　工业产值分级及分值表

工业产值	级别	分值	比例/%
高	一级	90	19.13
中	二级	70	20.77
低	三级	50	60.10

2. 综合计算结果

根据综合计算的分值，将研究区的矿产资源开发划分为三个等级，即适宜区、基本适宜和不适宜。其中，适宜区面积约占 20.13%，主要分布在月河川道、汉江河谷、观音河镇和铁佛寺镇等，适宜区矿产资源丰富，交通便利，距离城镇较近；基本适宜区面积约占 51.45%，面积较大，地形较高，资源勘探不充分，交通不利，距离城镇较远；不适宜区面积约占 28.42%，主要是生态保护区和城镇建设用地区。分区结果及空间分布如表 4－24 和图 4－11 所示。

表 4-24 综合评价结果及分值表

类别	指标值	分值	比例/%
适宜	(55,90]	1	20.13
基本适宜	(0,55]	2	51.45
不适宜	0	3	28.42

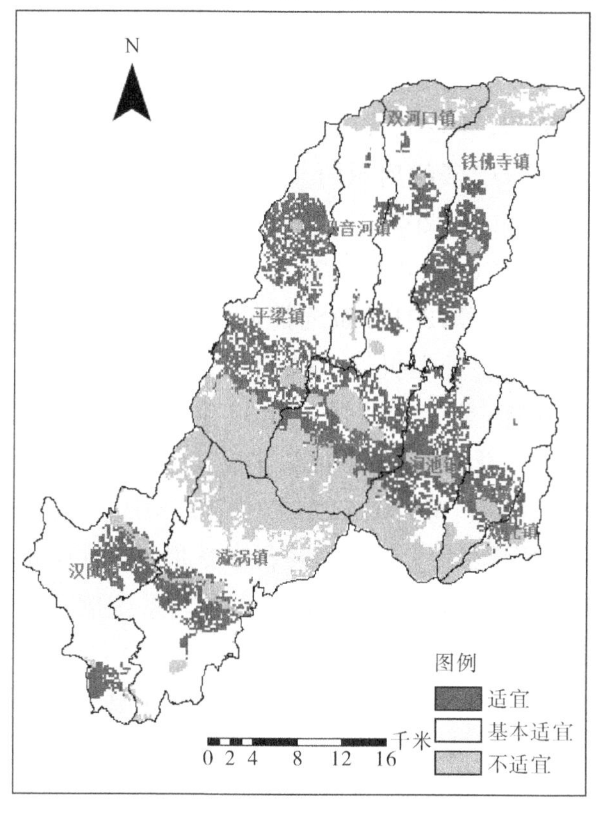

图 4-11 综合分区结果

本章主要参考文献

安国强，黄海浩，刘沼，等，2022. 中国土地利用与生态系统服务价值评估研究进展[J]. 济南大学学报(自然科学版)，36(01)：28-37.

毕银丽，2021. 西部干旱半干旱煤矿区微生物修复机理与应用研究[J]. 西安科技大学学报，41(01)：2.

蔡文,1994. 物元模型及其应用[M]. 北京:科学技术文献出版社.

蔡文,杨春燕,何斌,2003. 可拓学基础理论研究的新进展[J]. 中国工程科学(2):81－87.

陈俊成, 李天宏, 2019. 中国生态系统服务功能价值空间差异变化分析[J]. 北京大学学报(自然科学版)55(5):951－960.

崔潇,周妍如,刘孝阳,等,2021. 平朔露天煤矿复垦区不同地质层组岩土质量综合评价[J]. 水文地质工程地质,48(02):164－173.

樊翔,白中科,朱楚馨,等,2021. 参照区对比法在美国矿区土地复垦评价体系中的应用及对中国的启示[J]. 中国矿业,30(03):92－100.

郭宗亮,刘亚楠,张璐,等,2022. 生态系统服务研究进展与展望[J]. 环境工程技术学报,12(3):928－936.

胡振琪,邵芳,多玲花,等,2017. 黄河泥沙间隔条带式充填采煤沉陷地复垦技术及实践[J]. 煤炭学报,42(03):557－566.

刘慧明,高吉喜,刘晓,等,2020. 国家重点生态功能区 2010—2015 年生态系统服务价值变化评估[J]. 生态学报,40(6):1865－1876.

刘慧明,高吉喜,张海燕,等,2017. 2010—2015 年中国生物多样性保护优先区域人类干扰程度评估[J]. 地球信息科学学报,19(11):1456－1465.

龙精华,张卫,付艳华,等,2021. 鹤岗矿区生态系统服务价值[J]. 生态学报,41(5):1728－1737.

吕敦玉,余楚,周爱国,等,2011. 青藏高原矿产资源开发的环境适宜性评价:以西藏达孜—工布江达地区为例[J]. 水文地质工程地质, 38(04):88－94.

陕西省统计局,2021. 陕西省统计年鉴(2021 年)[M]. 北京:中国统计出版社.

孙明,2010. 可拓城市生态规划理论与方法研究[D]. 哈尔滨:哈尔滨工业大学.

王丽,雷少刚,卞正富,2017. 系统视角下中国西部煤炭开采生态损伤与自然修复研究综述[J]. 资源开发与市场,33(10):1188－1192.

谢高地,鲁春霞,冷允法,等,2003. 青藏高原生态资产的价值评估[J]. 自然资源学报,18(2):189－196.

谢高地,张彩霞,张雷明,等,2015. 基于单位面积价值当量因子的生态系统服务价值化方法改进[J]. 自然资源学报,30(08):1243－1254.
徐崟尧,2018. 煤矿沉陷治理区土壤-植被特征及其复垦质量评价[D]. 西安:陕西师范大学.
杨春燕,张拥军,2002. 可拓策划[M]. 北京:科学出版社.
杨洋,2019. 两淮矿区塌陷区复垦土壤质量评价[D]. 淮南:安徽理工大学.
喻建宏,2010. 中国耕地质量等级调查与评定(陕西卷)[M]. 北京:中国大地出版社.
张炜,2013. 坡耕地利用的特色农业可拓研究[D]. 西安:西安建筑科技大学.
张一飞,2011. 基于可拓学方法的城市规划研究[D]. 哈尔滨:哈尔滨工业大学.
赵国松,刘纪远,匡文慧,等,2014. 1990—2010年中国土地利用变化对生物多样性保护重点区域的扰动[J]. 地理学报,69(11):1640－1649.
COSTANZA R, ARGE R, GROOT R D, et al, 1997. The value of the world's ecosystem services and natural capital[J]. Nature, 387(15):253－260.
COSTANZA R, DE GROOT R, SUTTON P, et al, 2014. Changes in the global value of ecosystem services[J]. Global Environmental Change(26):152－158.
MITCHELL A, 2005. The ESRI guide to GIS analysis[M]. New York:ESRI Press.
ORD J K, GETIS A, 1995. Local spatial autocorrelation statistics: Distribution issues and an application[J], Geographical Analysis, 27(4):286－306.
WANG W, GUO H, CHUAI X, et al, 2014. The impact of land use change on the temporospatial variations of ecosystems services value in China and an optimized land use solution[J]. Environmental Science & Policy(44):62－72.

第5章 矿区生态环境修复技术

矿产资源开采会造成地表塌陷、崩塌、滑坡、泥石流等各种地质灾害，会造成严重的经济损失并危及人民生命财产安全，同时损毁大量土地，破坏景观和植被，给矿区生产和生活带来了严重影响。如何在开发矿产资源的同时，采取必要的环境保护措施，减少对环境的污染和破坏，以及对造成的环境污染和破坏及时采取措施进行治理，复垦土地，恢复环境，是当前迫切需要解决的问题。

5.1 塌陷裂缝治理技术

5.1.1 宽大塌陷裂缝治理技术

在西部黄土丘陵地区，煤炭资源开采对地表的破坏主要是塌陷裂缝。尤其是在煤层埋藏浅，厚度大的区域，地表往往出现较多的宽度大于1 m的裂缝。该类裂缝影响程度大，治理难度大。针对此类裂缝，目前还缺少专门研究，无针对性的治理技术。本节根据塌陷裂缝发育的特点，因势利导，采用谷坊群、隔坡梯田以及微地貌改造的模式对其进行治理，以提升治理区蓄水保土能力，促进矿区生态恢复及生态文明建设。

1. 基于谷坊群的塌陷裂缝治理

本技术主要适合于与地表坡向近似一致或斜交的宽大裂缝治理，通过对裂缝区进行局部地形改造，形成人工沟道，然后利用谷坊群技术进行水土流失控制，蓄水保土，并结合生物措施，进行生态修复（吴群英等，2021）。

1)治理措施

(1)裂缝区治理参数计算。因宽大裂缝地表破坏严重,如果全部充填复垦,工程量巨大,而且易造成其他区域的二次损毁。本研究根据裂缝区土地破坏特点,进行局部地形改造,依托裂缝形成人工沟道,蓄水保土。塌陷裂缝的局部地形改造基于断面内土方挖填平衡原则确定。裂缝区挖填如图 5-1 所示。

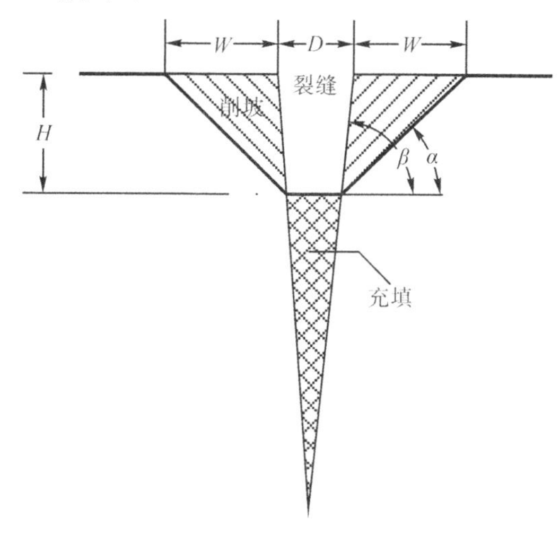

图 5-1　裂缝区挖填示意图

利用削坡的土方量充填裂缝区,根据土方平衡原则,则存在以下关系:

$$W\times H=\frac{1}{4}\times(D-2\times H\times\cot\beta)^2\times\tan\beta \tag{5-1}$$

式中　D——裂缝宽度,m;

β——缝坡度角,(°);

α——坡后的边坡坡度角,(°);

W——地表的削坡宽度,m;

H——地表的削坡高度,m。

根据图 5-1 的几何关系,W 与 H 存在如下关系:

$$W=H\times(\cot\alpha-\cot\beta) \tag{5-2}$$

将式(5-2)代入式(5-1),得到下式:

$$H^2\times(\cot\alpha-\cot\beta)=\frac{1}{4}\times(D-2\times H\times\cot\beta)^2\times\tan\beta \quad (5-3)$$

对式(5－3)简化，得

$$H^2\times(\cot\alpha-\cot\beta)=\frac{1}{4}D^2\tan\beta-H\times D+H^2\times\cot\beta$$

$$H^2\times(\cot\alpha-2\cot\beta)+H\times D-\frac{1}{4}D^2\tan\beta=0 \quad (5-4)$$

对式(5－4)求解，得到削坡高度 H 如下：

$$H=\frac{-D+\sqrt{D^2+(\cot\alpha-2\cot\beta)\times(D^2\times\tan\beta)}}{2\times(\cot\alpha-2\cot\beta)} \quad (5-5)$$

进一步简化后如下：

$$H=\frac{-D+D\sqrt{\cot\alpha\times\tan\beta-1}}{2\times(\cot\alpha-2\cot\beta)} \quad (5-6)$$

(2)谷坊类型及结构设计。为了控制裂缝治理后的沟道区土壤侵蚀，在裂缝区布设谷坊群。根据西部地区的自然地理条件，谷坊类型为土谷坊，梯形断面，坝体高度 H_1(m)，且高出两侧地面 0.5 m，并向两岸延伸 3.0 m，顶宽 1.0 m，坝体边坡 1∶1。谷坊设计如图 5－2 所示。

根据土谷坊坝体高度与裂缝区削坡高度的相对关系，根据式(5－7)确定坝体高度 H_1，即

$$H_1=H+0.5 \quad (5-7)$$

式中　H——地表的削坡高度，m。

(3)谷坊间距设计。根据治理后裂缝延展方向的沟底坡度(i)，按照“顶底相照”原则，优化谷坊间距，即下一座谷坊的蓄水顶部大致与上一座谷坊基部等高。谷坊间距按式(5－8)计算：

$$L=H_3/i \quad (5-8)$$

式中　L——谷坊间距，m，其示意图如图 5－3 所示；

　　H_3——谷坊设计蓄水高度，m，此处参考 H 进行设定。

(4)谷坊选址要求。根据以上设计要求，初步选定谷坊的位置，然后结合局部地形优化谷坊位置。谷坊选址要求裂缝区无崩塌、滑坡危险，且裂缝发育顺直，施工便利的位置。

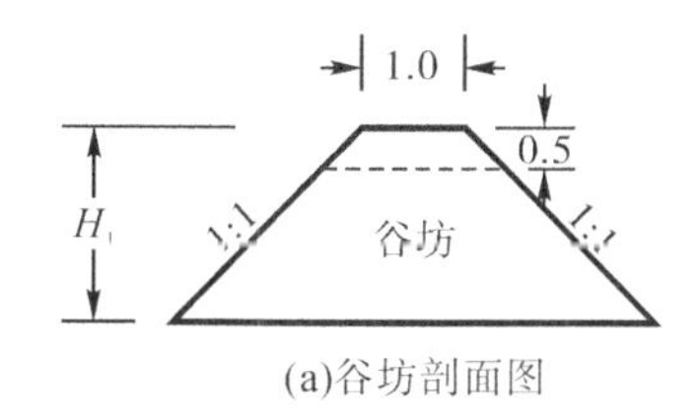

(a)谷坊剖面图

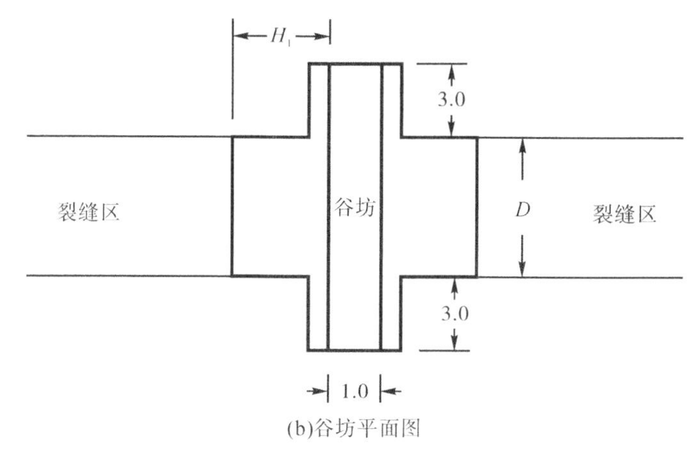

(b)谷坊平面图

图 5-2 谷坊结构图

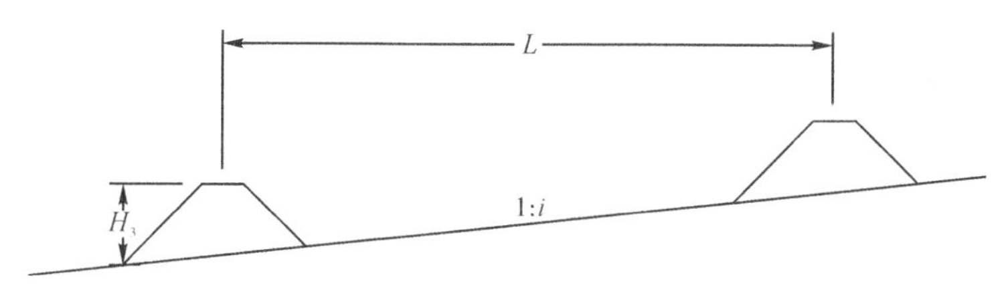

图 5-3 谷坊间距示意图

(5)谷坊修建方法。根据项目区的地形条件，利用反铲挖掘机，采取就近取土，堆土成坝的方法进行修建。治理布置示意图如图 5-4 所示。反铲挖掘机位于地势相对较高的裂缝区一侧，临近待修建的谷坊处。依据地形条件，大致将挖掘机的有效工作范围划定为取土区和表土堆放区，其中高处为取土区，挖土用于修建谷坊；低处为表土堆放区，用于临时堆放剥离的表土。

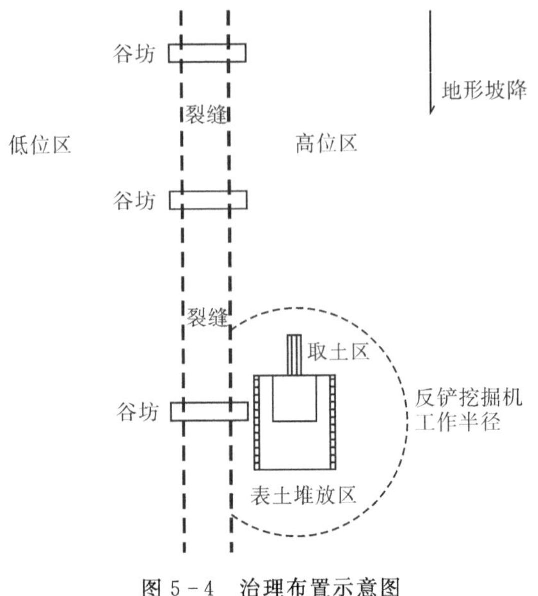

图 5-4 治理布置示意图

(6)谷坊施工的工艺要求。

①表土处理:对待修建谷坊处以及取土区的含腐殖质较多的表土进行剥离,剥离深度应达 0.3 m 以上,清理至坚实的底土,表土堆放到表土堆放区。

②谷坊修建:利用挖掘机在取土区挖土,填至谷坊区。谷坊分层填土夯实,每层填土厚 0.3 m,然后夯实一次,如此分层填筑,直到设计高度,接着对取土区进行初步平整。

③表土回覆:将表土堆放区的表土均匀摊铺到谷坊边坡及取土区表面。

(7)裂缝治理工艺要求。

①区段划分:裂缝治理分段进行,每段的长度参考反铲挖掘机的工作半径进行确定。

②表土剥离:根据前文确定的裂缝区地表的削坡宽度 W,进行表土剥离,剥离深度 0.3 m,临时堆放到治理区外侧。

③裂缝充填:利用挖掘机对裂缝两侧进行削坡,土方填至裂缝区。利用挖掘机的铲斗对冲填区进行平整、压实。

④隔水层处理:底部铺设土工布,回填 0.5 m 厚的黏土层,平整、压实。

⑤表土回覆：将两侧临时堆放的表土均匀摊铺到裂缝区两侧的边坡及沟底。

(8)边坡整治及植被恢复设计。为了促进生态恢复，减少水土流失，对修整后的谷坊边坡、裂缝区边坡和沟底进行生态修复，提升抗侵蚀能力。

①边坡种植牧草。

A. 人工整地：去除直径 5 cm 以上土(石)块，随地形整地，整地深度 10 cm。

B. 化肥及草种撒播：将化肥、草种均匀撒播在需要种植的区域内。播种量遵循适量播种，合理密植的原则。

C. 人工耙平：种子播撒后，将草种和化肥用耙子进行搂耙。

D. 人工镇压：使用器械均匀地将地面适度拍实，使草种与土壤充分结合。

E. 草帘铺设：用草帘对种植区域进行全面覆盖，并用土石压住，以提高地温和保墒。

②沟底栽植乔木。

A. 人工整地：对裂缝区底部按裂缝延展方向的地面坡度大致平整，然后进行穴状整地，穴径和穴深 40 cm 以上，间距 3 m。

B. 苗木选择：选择适宜的乡土植物，苗高 2 m 以上。

2)技术优点

根据裂缝特点，就地进行局部地形改造，施工方便，工程造价低。利用谷坊，将沉陷区的降雨径流拦蓄到裂缝区的沟道中，就地入渗，既控制了水分流失，减轻了沟道冲刷，又涵养了水源，为生物措施的快速生长创造了条件。裂缝区边坡种植牧草，可以发展养殖业，且裂缝区沟底水分充足，栽植乔木，可形成防护林网，促进生态恢复。

3)案例分析

陕北某煤矿，其地貌类型为黄土丘陵，所采煤层的平均厚度为 5.9 m，煤层倾角 2°，埋深 83～140 m。通过对地表某裂缝调查分析，在煤层切眼所对应的地表附近，出现多条宽度大于 1 m 的裂缝，选择其中 1 条作为典型对象进行详细分析和治理设计。裂缝宽度 1.6 m，长度 150 m，沿裂缝方向的地形坡度为 10%。裂缝坡度角位 $\beta=85°$。根据黄土的土力学特性，削坡后的边坡坡度角 α 取值 45°。根据以上数据，确定裂缝治理的主要工艺参数如下：

(1)裂缝区治理参数计算。

裂缝削坡高度 H：

$$H=\frac{-D+D\sqrt{\cot\alpha\times\tan\beta-1}}{2\times(\cot\alpha-2\cot\beta)}$$

$$=\frac{-1.6+1.6\sqrt{\cot45^\circ\times\tan85^\circ-1}}{2\times(\cot45^\circ-2\cot85^\circ)}=2.17(\mathrm{m})$$

地表的削坡宽度 W：

$$W=H\times(\cot\alpha-\cot\beta)=2.17\times(\cot45^\circ-\cot85^\circ)=1.93(\mathrm{m})$$

(2)谷坊类型及结构设计。根据西部地区的自然地理条件，谷坊类型为土谷坊，梯形断面。坝体高度 H_1：

$$H_1=H+0.5=2.17+0.5=2.67(\mathrm{m})$$

谷坊坝顶宽 1.0 m，坝体边坡 1∶1，则

谷坊坝长度－3＋3＋1.6－7.60(m)

(3)谷坊间距设计。整理后的沟底坡度(i)，参照地面沿裂缝方向的地形坡度，取值为 10%。

蓄水高度参考 H 进行设定，取值 2.17 m。

谷坊间距 $L=H_3/i=2.17/0.1\approx22(\mathrm{m})$，考虑谷坊占地，实际按 25 m 取值，裂缝长度 150 m，所以沿裂缝区修建 6 座谷坊。

(4)裂缝及谷坊治理。利用履带式挖掘机进行治理，其有效工作半径 10 m。将裂缝区分 15 个区段进行治理。谷坊利用反铲挖掘机，采取就近取土，堆土成坝的方法进行修建。工艺要求见前文。

(5)植被恢复。边坡混播苜蓿和沙打旺，按 20 千克/亩进行施用，雨前撒播；化肥按 50 千克/亩的标准进行施用。沟底栽植旱柳，穴状整地，苗高 2 m 以上，间距 3 m。

2. 基于隔坡梯田的塌陷裂缝治理

隔坡梯田是沿原自然坡面隔一定距离修筑一水平梯田，在梯田与梯田间保留一定宽度的原山坡植被，使原坡面的径流进入水平田面中，增加土壤水分以促进作物生长。本技术主要适合于与地表等高线近似平行的宽大裂缝治理，结合裂缝治理，修建隔坡梯田，可提升区域生态重建

水平(陈秋计 等,2022a;2022b)。

1)治理措施

(1)裂缝区隔坡梯田治理模式。裂缝发育主要特征如图5-5所示,为了减少外运土方,控制成本,在此采用就地取材,修建隔坡梯田的方式进行治理。裂缝区隔坡梯田治理模式利用裂缝区周边的土源进行裂缝充填,然后将扰动区修整为梯田,用于栽植乔木或农业种植,其他坡面部分可维持原貌,用于种草植树,如图5-6所示。

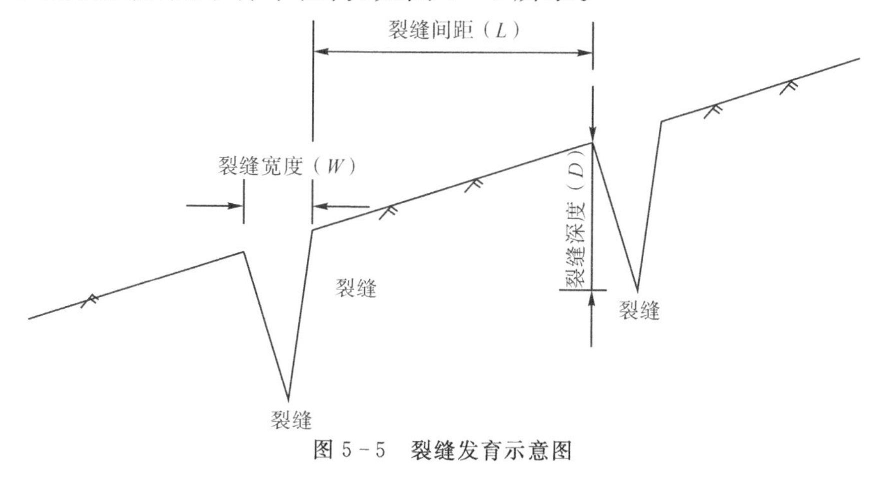

图5-5 裂缝发育示意图

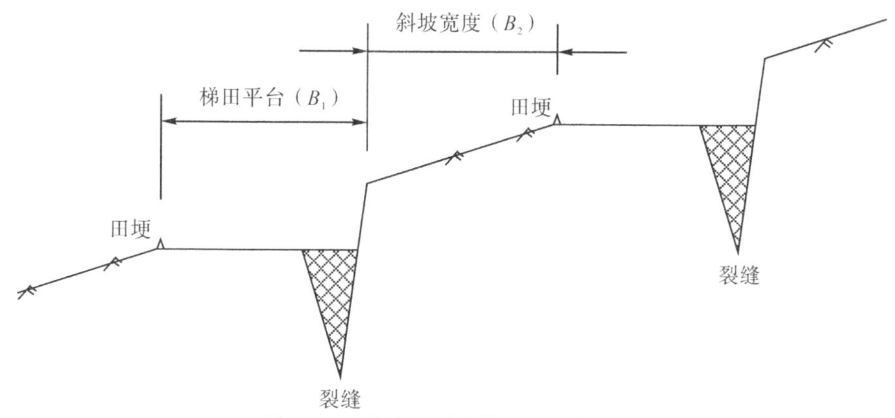

图5-6 裂缝区隔坡梯田治理模式图

(2)顾及裂缝充填的隔坡梯田平台宽度的优化。其示意图如图5-7所示。

设定裂缝宽度W,裂缝间距L,裂缝深度D,地面坡度角α,裂缝张开角β,基于充填平衡原则,优化裂缝治理,即

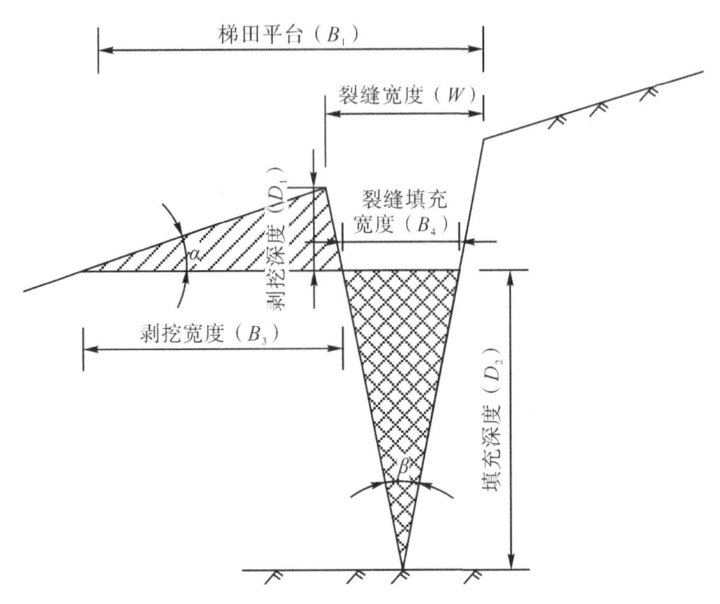

图 5-7　顾及裂缝充填的隔坡梯田平台宽度的优化

$$2\times(B_3)^2\times\tan\alpha=(B_4)^2\times\cot(\frac{1}{2}\beta)$$

$$B_3\times\sqrt{2\times\tan\alpha}=B_4\times\sqrt{\cot(\frac{1}{2}\beta)}$$

进一步考虑随着剥挖深度 D_1 的变化，裂缝充填宽度 B_4 的变化，即

$$B_4=W-2D_1\times\tan(\frac{1}{2}\beta)=W-2\times B_3\times\tan\alpha\times\tan(\frac{1}{2}\beta)$$

上式进一步演化为

$$B_3\times\sqrt{2\times\tan\alpha}=[W-2\times B_3\times\tan\alpha\times\tan(\frac{1}{2}\beta)]\times\sqrt{\cot(\frac{1}{2}\beta)}$$

即

$$B_3=\frac{W\times\sqrt{\cot(\frac{1}{2}\beta)}}{\sqrt{2\times\tan\alpha}+[(2\times\tan\alpha\times\tan(\frac{1}{2}\beta)\times\sqrt{\cot(\frac{1}{2}\beta)}]}\tag{5-9}$$

隔坡梯田平台宽度 B_1：

$$B_1=B_3+B_4=B_3+W-2\times B_3\times\tan\alpha\times\tan(\frac{1}{2}\beta)\tag{5-10}$$

(3)斜坡宽度及比值。由于塌陷裂缝对坡面进行了切割，故此处主

要根据裂缝间距 L 及剥挖后的梯田平台宽度 B_1 来确定斜坡宽度 B_2，即

$$B_2 = L - B_1$$

斜宽比 k：

$$k = \frac{B_2}{B_1} \tag{5-11}$$

(4)田埂高度 h 的确定。要求在设计频率暴雨下，梯田田面能全部拦蓄斜坡径流和历年累积泥沙的淤积量。

$$h = (1 + k)h_1\varphi + kh_2N + \Delta \tag{5-12}$$

式中　h_1——10 年一遇 24 小时最大降雨量，m；

φ——径流系数；

h_2——坡面年侵蚀量，m；

N——使用年限，年；

Δ——安全超高，m。

(5)治理工艺。将剥挖区的土层划分为表土层和底土层，沿裂缝划分成两个条带，即条带 A 和条带 B。治理时，首先将条带 A 的表土进行剥离，堆放到条带 B 的上方，然后利用条带 A 的底土充填裂缝，最后将堆放在条带 B 上的表土平铺到梯田平台上(如图 5-8 所示)。

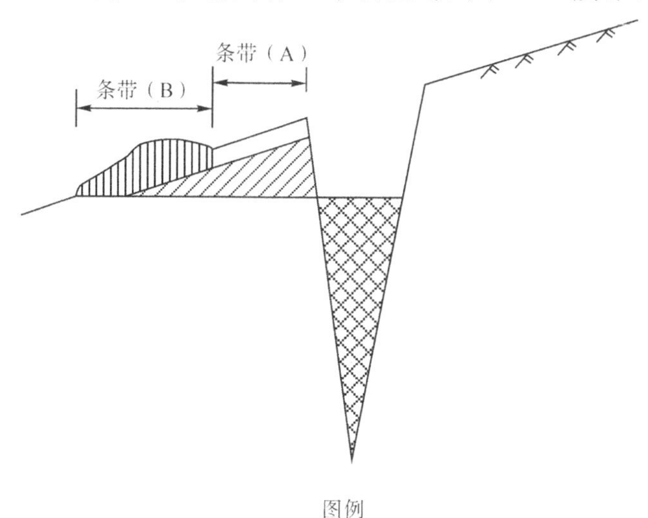

图 5-8　裂缝充填工艺

(6)土壤改良。参考全国土壤普查的土壤肥力四级标准对修建的梯田进行土壤改良，公式如下：

$$Y=(Q-S)\times H\times G\times 10 \tag{5-13}$$

式中 Y——某类型肥料养分施用量，kg/hm^2；

Q——土壤某类型养分含量设计值，mg/kg；

S——土壤某类型养分含量测定值，mg/kg；

H——表土层厚度，cm；

G——表土层容重，g/cm^3。

2)案例分析

陕北某煤矿，其地貌类型为黄土丘陵，地下煤层开采引起地表裂缝发育，宽度1～1.2 m，裂缝间距10～15 m，在此选择其中的一条裂缝进行典型设计。通过调查，裂缝宽度$W=1$ m，裂缝间距$L=12$ m，地面坡度角$\alpha=15°$，裂缝张开角$\beta=10°$。根据以上数据，计算裂缝治理的主要工艺参数。

(1)裂缝区剥挖宽度B_3计算。

$$B_3=\frac{W\times\sqrt{\cot(\frac{1}{2}\beta)}}{\sqrt{2\times\tan\alpha}+[(2\times\tan\alpha\times\tan(\frac{1}{2}\beta)\times\sqrt{\cot(\frac{1}{2}\beta)}]}=3.8(\text{m})$$

(2)隔坡梯田平台宽度B_1计算。

$$B_1=B_3+B_4=B_3+W-2\times B_3\times\tan\alpha\times\tan(\frac{1}{2}\beta)=4.6(\text{m})$$

(3)斜坡宽度及比值计算。

$$\text{斜坡宽度 } B_2=L-B_1=7.4(\text{m})$$

$$\text{斜宽比 } k=\frac{B_2}{B_1}=1.6$$

(4)田埂高度(h)的确定。项目区10年一遇24小时最大降雨量$h_1=100$ mm，径流系数$\varphi=0.8$，坡面年侵蚀量$h_2=3.2$ mm，使用年限$N=5$年，安全超高$\Delta=0.15$ m，则

$$h=(1+k)h_1\varphi+kh_2N+\Delta=0.40(\text{m})$$

(5)土壤改良。经取样调查，梯田区土壤有机质含量5 g/kg，低于标

准值 10 g/kg,需要施用有机肥进行土壤改良。表层土厚度 $H=0.3$ m,土壤容重 $G=1.3\ g/cm^3$。

有机质的施用量为

$$Y=(Q-S)\times H\times G=1950\ (kg/hm^2)$$

3)技术优势

根据裂缝区地形特点,此方法就地取材,实现了宽大裂缝就地整治,减少了土方外运工作量,节约了治理成本。通过微地貌改造,不仅可以控制水土流失,而且可以增加表土层的厚度,改善蓄水条件。可见,此方法遵循土壤肥力理论,改良重构土壤,可以提升土地生产力。

5.1.2　中等宽度塌陷裂缝治理技术

此处主要探讨宽度在 0.5～1 m 的塌陷裂缝治理技术。

1. 垄沟模式的塌陷裂缝治理

根据裂缝两侧地形的关系,将地势较高的裂缝一侧称为高位区,地势较低的裂缝一侧称为低位区。依据水土保持原理和土壤重构理论,陈秋计等(2020)提出了利用垄沟微地貌改造技术进行塌陷裂缝就地充填的方法,建立了裂缝充填与垄沟修建之间的数学关系,构建了适合黄土丘陵区采煤塌陷裂缝反铲挖掘机充填的工艺流程,为反铲挖掘机裂缝治理提供了技术指导。

1)治理措施

(1)裂缝区垄沟微地貌改造。本研究提出在裂缝充填时,利用垄沟造型对治理区微地貌进行重塑。垄,又称生土垄,是对裂缝所在的位置,利用底土填高成垄。生土垄可以把径流就地拦蓄,就地入渗。沟,又称种植沟,依托取土区进行修建,利用原来地表剥离的表土进行覆盖,且通过疏松土壤,改善植被恢复条件。裂缝区垄沟微地貌改造如图 5－9 所示。

①生土垄充填土量分析。设裂缝张口宽度为 W,深度为 H_1,垄的高度为 H_2,垄的坡脚参考黄土自然休止角 θ,空间关系如图 5－10 所示,则裂缝区单位长度生土垄修建需要充填的土方量为

$$V_1=W\times(H_1+H_2)/2 \qquad (5-14)$$

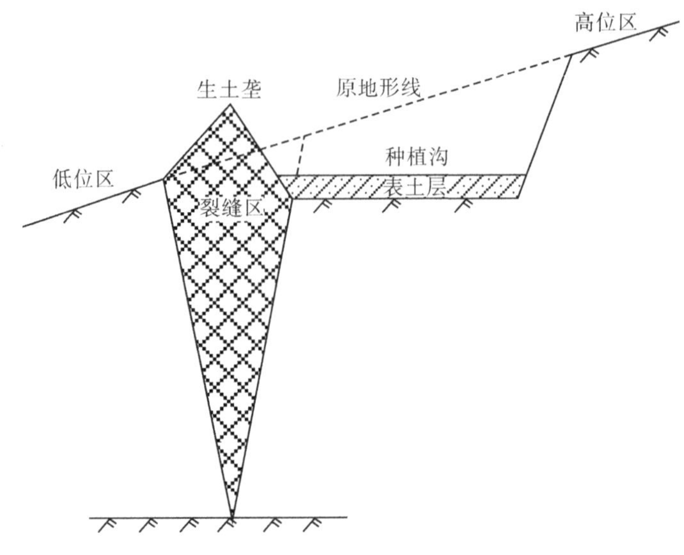

图 5－9　裂缝区垄沟微地貌改造模式示意图

根据相关调查，裂缝宽度和深度之间存在以下关系：

$$H_1 = 10\sqrt{W}$$

根据生土垄的几何关系：

$$H_2 = W \times \tan(\theta)/2$$

则

$$V_1 = W \times [10\sqrt{W} + W \times \tan(\theta)/2]/2 \tag{5-15}$$

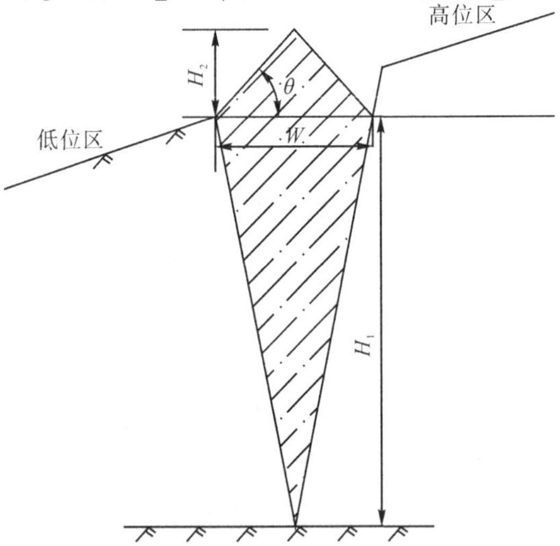

图 5－10　生土垄修建土方量计算图

②种植沟取土区土方量分析。设原地面坡度为 α，种植沟坡角参考黄土自然休止角 θ，种植沟的宽度为 W_2，裂缝侧剥离底土厚度为 H_3，各参数空间关系如图 5-11 所示。考虑裂缝一侧边坡近于直立，则单位长度种植沟修建的取土量 V_2 可采用下式计算：

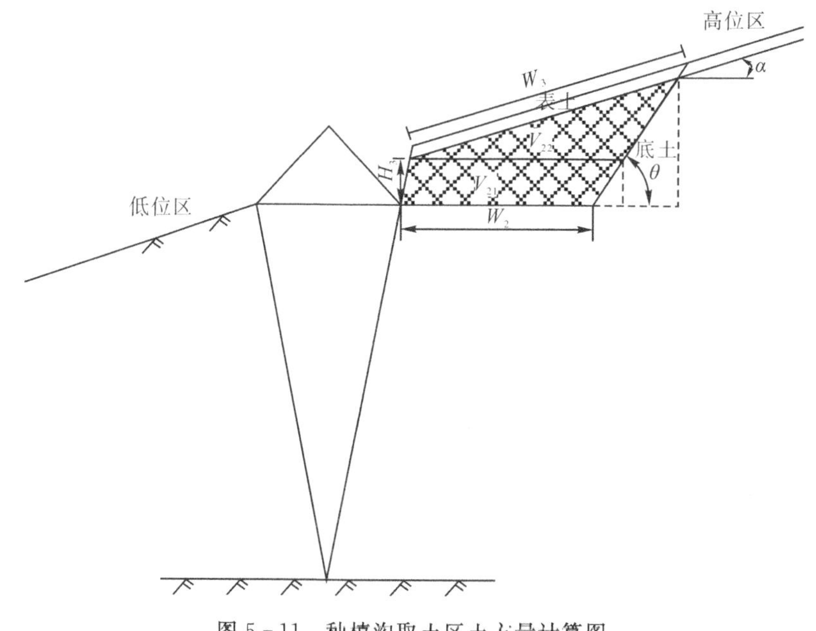

图 5-11　种植沟取土区土方量计算图

$$V_2 = V_{21} + V_{22}$$

$$= [(W_2 + W_2 + H_3 \times \cot\theta) \times H_3]/2 + [(W_2 + H_3 \times \cot\theta)^2 \times \sin\alpha \times \sin(180 - \theta)/(2 \times \sin(\theta - \alpha))] \quad (5-16)$$

③垄沟几何关系分析。顾及取土区和填土区土方平衡，已知原地面坡度 α 和剥离底土厚度 H_3，则可根据裂缝宽度 W，推算出种植沟的宽度 W_2。

令

$$k_1 = W \times [10\sqrt{W} + W \times \tan(\theta)/2]/2$$

$$k_2 = H_3 \times \cot\theta$$

$$k_3 = \sin\alpha \times \sin(180 - \theta)/(2 \times \sin(\theta - \alpha))$$

则取土和填土的土方平衡关系可采用下式表达：

$$k_1 = [(2W_2 + k_2) \times H_3]/2 + [(W_2 + k_2)^2 \times k_3]$$

$$k_1=[(2W_2+2k_2-k_2)\times H_3]/2+(W_2+k_2)\times k_3=(W_2+k_2)\times H_3$$
$$-k_2\times H_3/2+(W_2+k_2)^2\times k_3$$
$$(W_2+k_2)^2\times k_3+(W_2+k_2)\times H_3-k_2\times H_3/2-k_1=0$$

令

$$x=(W_2+k_2)$$
$$a=k_3$$
$$b=H_3$$
$$c=-k_2\times H_3/2-k_1$$

求解一元二次方程，取大于 0 的有效值，即

$$x=\frac{-b-\sqrt{b^2-4ac}}{2a} \text{ 或 } x=\frac{-b+\sqrt{b^2-4ac}}{2a}$$

则

$$W_2=x-k_2 \tag{5-17}$$

④种植沟表土层厚度变化分析。根据图 5－11 可知，种植沟的坡度设定为水平，由于地形坡度发生变化，原地表表土剥离的宽度 W_3 大于种植沟的宽度 W_2，表土回填后，种植沟的表土层厚度 H_4 大于原来的厚度 H_0，H_4 按照下式进行估算：

$$H_4=\frac{W_3}{W_2}H_0 \tag{5-18}$$

其中，

$$W_3=\frac{x}{\sin(\theta-\alpha)}\sin(180-\theta) \tag{5-19}$$

(2)治理工艺流程。

①反铲挖掘机裂缝治理方向及占位分析。

从安全考虑，反铲挖掘机宜采用前进式进行塌陷裂缝治理，设备运行在裂缝的高位区。如果采用后退式治理，由于反铲挖掘机尾部裂缝没有充填，设备的履带易滑入裂缝区，从而影响施工进度。同时，反铲挖掘机运行于高位区，可以获得较大的作业区域，有利于提高工作效率。反铲挖掘机占位及推进方向如图 5－12 所示。

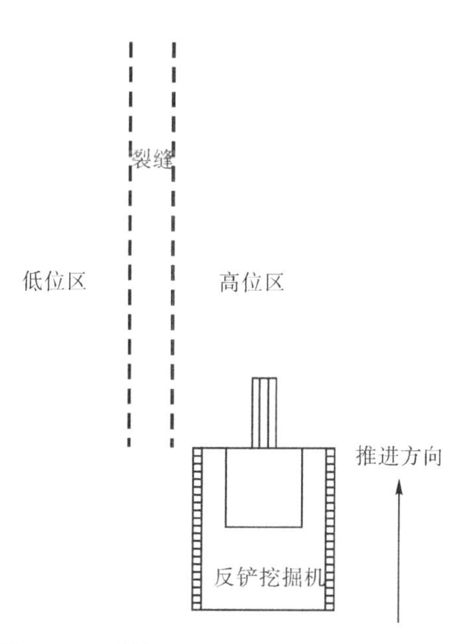

图 5-12　反铲挖掘机占位及推进方向示意图

②治理区段划分。

根据反铲挖掘机的最大挖掘半径 L,沿裂缝划分为若干治理区段,每个区段长度 D 取 $0.7L$,即 $D=0.7L$,取整即可。

围绕挖掘机,将治理区段划分为四个不同类型区块。在挖掘机前方,将治理区段划分为两个区块,分别为裂缝充填区和取土区,取土区进一步划分为取土单元一和取土单元二;挖掘机占用的区块为挖掘机工作区;挖掘机后侧为松土区。

治理区段及区块类型划分如图 5-13 所示。

③治理步骤。

第一步:第一区段的治理。

A. 将取土单元一的表土进行剥离,表土剥离厚度 30 cm,临时存放到取土单元二的上方。

B. 剥离取土单元一的底土,充填裂缝区,底土的剥离深度参考设定的裂缝侧剥离厚度值 H_3。

C. 剥离取土单元二的表土以及存放的取土单元一的表土,移动到取土单元一的上方。

D. 剥离取土单元二的底土,充填裂缝区,修筑生土垄。

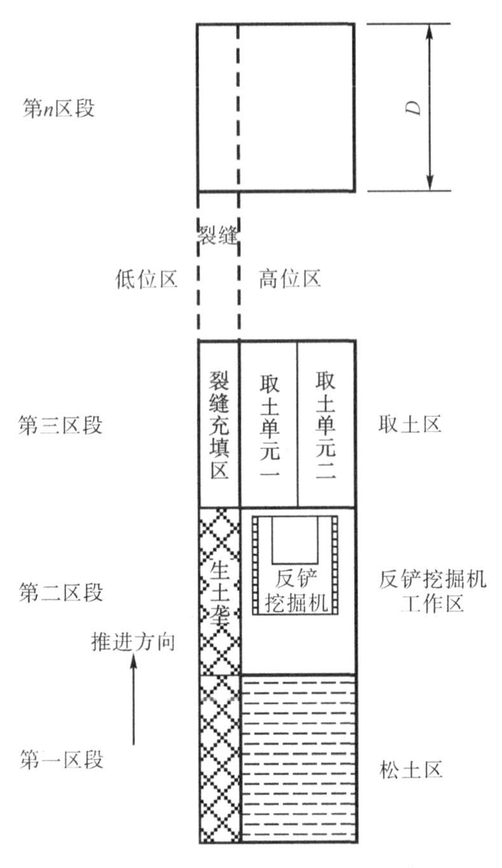

图 5-13　治理区段及类型划分示意图

E.将堆放在取土单元一上方的表土平铺到整个取土区,初步形成种植沟。

第二步:反铲挖掘机前移,进行第二区段治理,重复第一区段的治理步骤。

第三步:反铲挖掘机前移,对第一区段进行松土。利用挖掘机的斗齿对挖掘机履带碾压过的地方进行松土。

第四步:进行第三区段治理,重复前文治理过程。然后,按照上述流程治理剩余的区段。

2)案例分析

陕北某煤矿,其地貌类型为黄土丘陵,所采煤层的平均厚度为6.94 m,煤层倾角2°,平均埋深230 m。通过对地表某裂缝调查分析,裂缝开口宽度 0.80 m，裂缝两侧落差 0.4 m，垂直裂缝的地面坡度 30°，黄土自然休止角 θ 取 45°，反铲挖掘机的最大工作半径为 9 m。根据以上数据，计算裂缝治理的主要工艺参数。

(1)生土垄充填土量。根据裂缝发育宽度 $W=0.8$ m，黄土自然休止角 $\theta=45°$，确定生土垄的高度 H_2：

$$H_2=W\times\tan\theta=0.40(\mathrm{m})$$

根据裂缝发育宽度 W 和深度 H_1 的关系，估算裂缝深度：

$$H_1=10\sqrt{W}=8.94(\mathrm{m})$$

计算单位长度生土垄充填土量 V_1：

$$V_1=W\times(H_1+H_2)/2=3.736(\mathrm{m}^3)$$

(2)种植沟宽度计算。已知原地面坡度 $\alpha=30°$，种植沟坡角 $\theta=45°$，裂缝底土侧剥离厚度 $H_3=0.3$ m，计算相关参数：

$$k_1=W\times[10\sqrt{W}+W\times\tan(\theta)/2]/2=3.656(\mathrm{m}^3)$$

$$k_2=H_3\times\cot(\theta)=0.3(\mathrm{m})$$

$$k_3=\sin(\alpha)\times\sin(180-\theta)/(2\times\sin(\theta-\alpha))=0.683$$

$$a=k_3=0.683$$

$$b=H_3=0.3$$

$$c=-k_2\times H_3/2-k_1=-3.783$$

经计算：

$$x=(W_2+k_2)=2.144(\mathrm{m})$$

种植沟的宽度 W_2：

$W_2=x-k_2=1.844(\mathrm{m})$，取整，按 2 m 设计；

表土剥离厚度取 0.3 m，则种植沟表土厚度 H_4：

$$W_3=\frac{x}{\sin(\theta-\alpha)}\sin(180-\theta)=5.85(\mathrm{m})$$

$$H_4=\frac{W_3}{W_2}H_0=0.88(\mathrm{m})$$

(3)治理区段划分。根据反铲挖掘机的最大挖掘半径 $L=9.0$ m，建议单个治理区段的长度为 6 m，种植沟的宽度为 2 m。施工时，单个取土单元的宽度按 1 m 设计，以满足反铲挖斗作业的需要。

(4)垄沟结构。经过治理，裂缝区形成高 0.4 m、宽 0.8 m 的生土垄，宽 2 m、表土厚度 88 cm 的种植沟。

3)技术优势

根据裂缝区地形特点，此种方法就地取材，实现了裂缝就地掩埋，减少了土方外运工作量，节约了治理成本。同时，反铲挖掘机取土方式灵活，工作范围大，爬坡能力强，稳定性好，适合在黄土丘陵区开展工作。可见，利用现代机械，进行裂缝治理，能显著提高治理效率。同时，通过微地貌改造，不仅可以控制水土流失，而且可以增加表土层的厚度，改善蓄水条件。综上，此种方法遵循土壤重构理论，优化了治理工艺，可以有效保护土壤资源，改善土壤，促进植被恢复。

2. 水平阶模式的塌陷裂缝治理

水平阶模式主要适合于裂缝走向与地形等高线近似平行的横坡裂缝治理(见图 5 - 14、图 5 - 15)，其主要治理措施如下(陈秋计，2016)。

1)裂缝充填

根据地形条件，将治理区分为剥挖区和回填区(见图 5 - 16)。剥挖区的宽度为 1.5 m 左右。首先将剥挖区 30 cm 的表土进行剥离，集中堆放。然后将剥挖区的底土进行剥离，回填至裂缝区，并捣固密实。当回填至距地表 30 cm 后，对裂缝区地形进行修理，然后用先前剥离的表土覆盖。

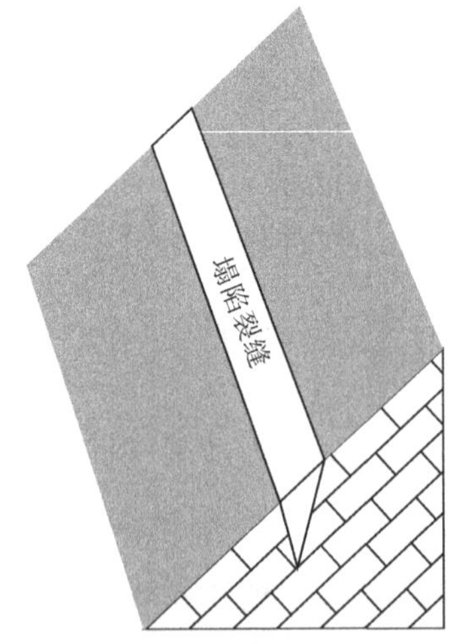

图 5 - 14　横坡塌陷裂缝示意图

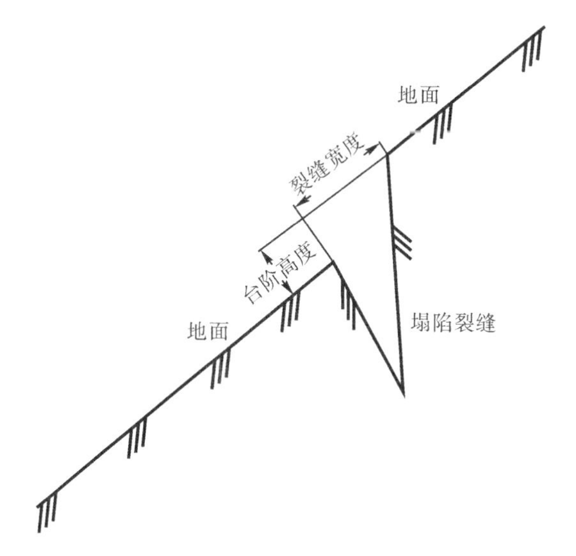

图 5-15 塌陷裂缝主要特征示意图

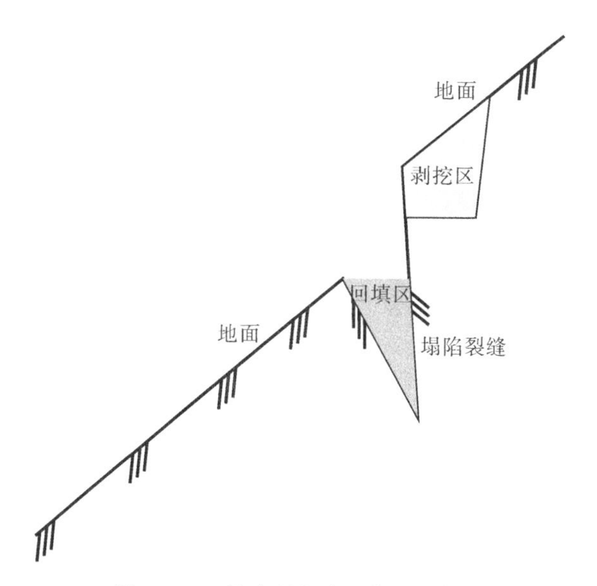

图 5-16 塌陷裂缝治理分区示意图

2)微地形改造

此方法采用水平阶方式进行裂缝区微地形改造。水平阶能够拦蓄较多的地表径流,减少水土流失,也可改善治理区内的土壤条件,降低土壤水分蒸发,加速植被恢复。水平阶的具体要求是:水平阶宽度 50 cm,具有 3°左右的反坡,台阶高度 50 cm,边坡坡度 45°。水平阶模式的塌陷裂缝区微地形改造见图 5－17、图 5－18。

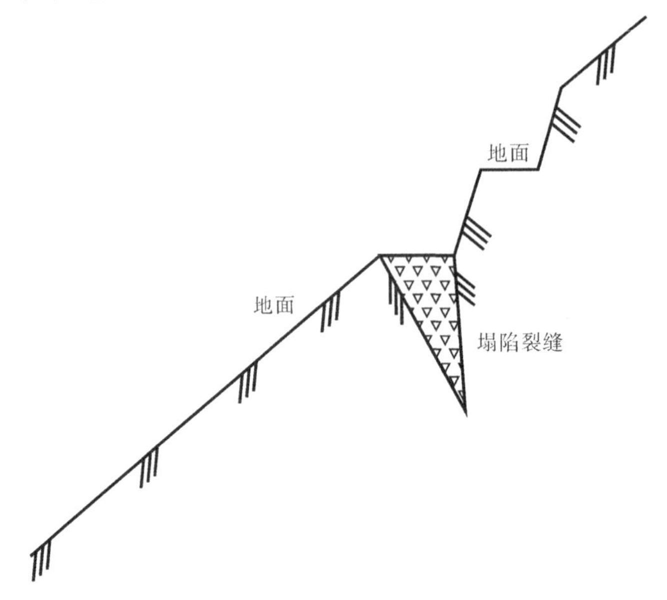

图 5－17　塌陷裂缝区微地形改造示意图

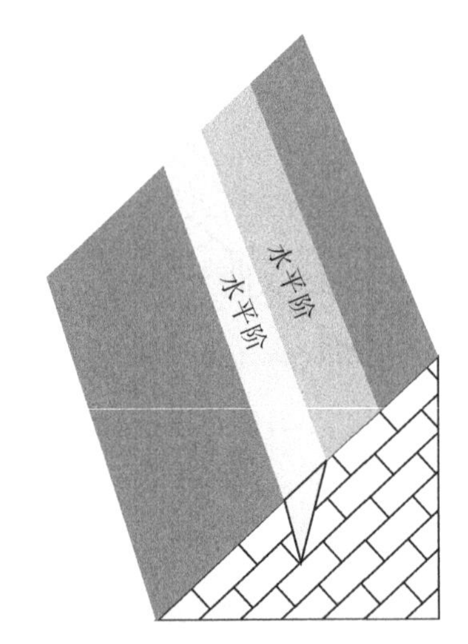

图 5－18　塌陷裂缝区微地形改造效果图

3. 鱼鳞坑模式的塌陷裂缝治理

鱼鳞坑模式主要适合于裂缝走向与地形等高线近似垂直的顺坡裂缝治理（见图 5－19、图 5－20），其主要治理措施如下（陈秋计，2016）。

1)裂缝充填

根据地形条件,将治理区分为剥挖区和回填区(见图 5-21)。剥挖区的宽度为 1.5 m 左右。首先将剥挖区 30 cm 的表土进行剥离,集中堆放。然后将剥挖区的底土进行剥离,回填至裂缝区,并捣固密实。当回填至距地表 30 cm 后,对裂缝区地形进行修理,然后用先前剥离的表土覆盖。

2)微地形改造

结合后期植被恢复的需要,此方法采用鱼鳞坑方式进行裂缝区微地形改造。在裂缝治理区,沿坡面修建月牙形鱼鳞坑,坑口宽度 0.8~1.2 m,坑距 3~5 m,在坑下沿修建 20 cm 高的半环状土埂,在坑的上方左右两角各开一道小沟,以便引蓄雨水,减少水土流失,改善土壤条件,加速植被恢复。其改造效果见图 5-22。

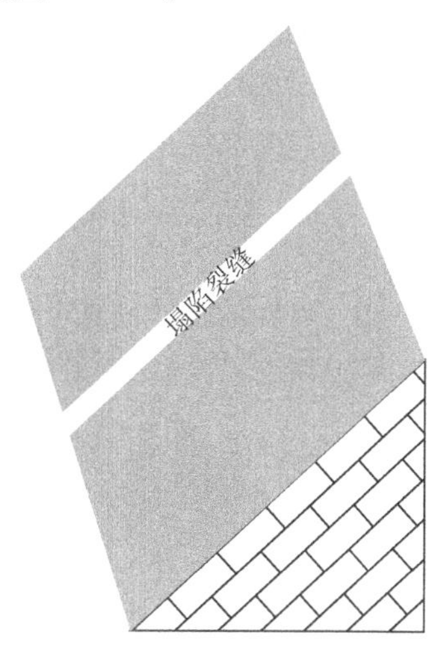

图 5-19　顺坡塌陷裂缝示意图

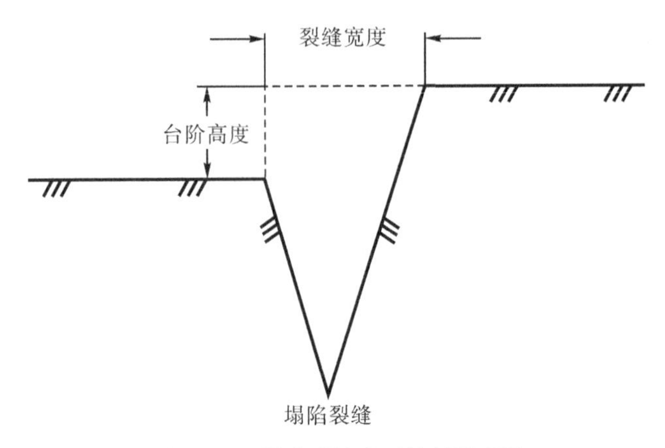

图 5-20　塌陷裂缝主要特征示意图

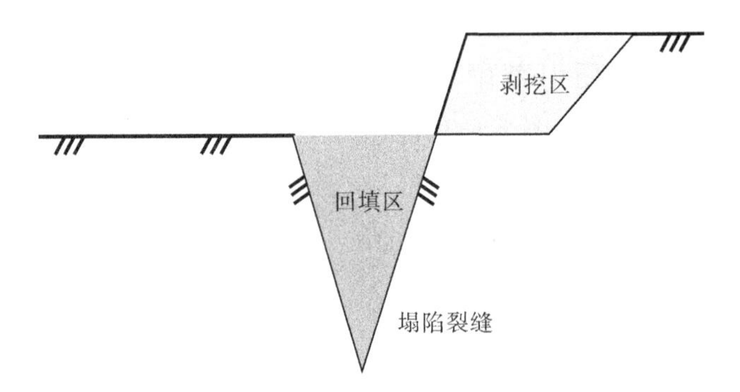

图 5-21　塌陷裂缝治理分区示意图

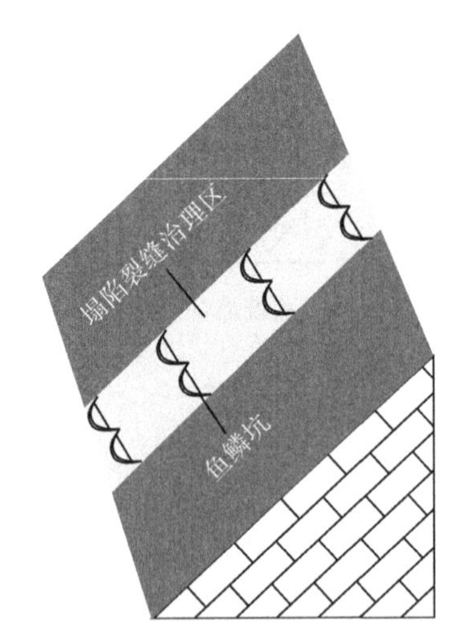

图 5-22　塌陷裂缝区微地形改造效果图

5.1.3　中小宽度塌陷裂缝治理技术

此处主要探讨宽度为0.2～0.5 m的中小裂缝的治理。遵循土壤重构原理，此处采用分段剥离与交错回填的充填方法对塌陷裂缝进行治理(陈秋计，2015)。

1. 裂缝区土壤剖面重构

塌陷裂缝充填应当遵循土壤学的基本原理，重构一个适合植被恢复的立地条件，其中土壤剖面重构是关键。土壤剖面重构，概括地说，就是土壤物理介质及其剖面层次的重新构造(胡振琪 等，2005)。根据黄土丘陵沟壑区采煤塌陷地裂缝的特点及自然土壤的剖面特征，本研究重构后的土壤剖面从上往下依次为表土层、覆盖层、生土层、垫层，见图5－23。

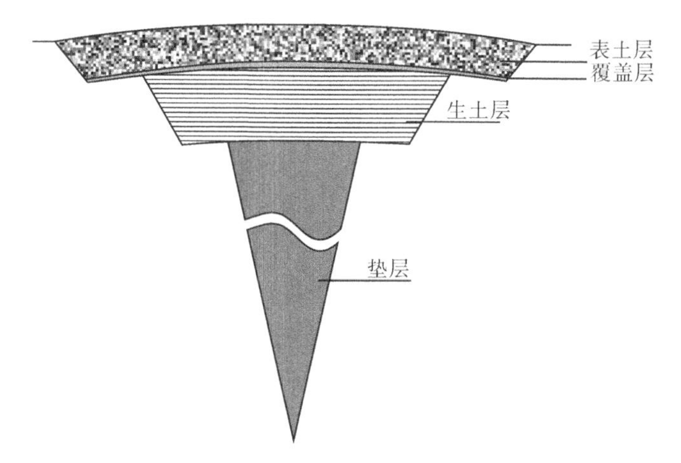

图5－23　裂缝区重构土壤剖面示意图

1)表土层

表土层是农作物生长及植被恢复的基础，主要参数是厚度，根据复垦后的方向来确定，如果利用方向为耕地，表土层厚度应不小于40 cm；如果利用方向为灌草地，表土层厚度应不小于20 cm。表土主要来源于裂缝两侧剥离的表层土。为了防止雨水浸泡导致裂缝区充填区黄土下陷，重构后的表层土可以预留一定的拱高，耕地起拱高度5 cm左右，灌草地10 cm左右。裂缝两侧表土层的剥离宽度为1 m，剥离厚度50 cm。台阶平台向外侧留3%～5%的坡度。

2)覆盖层

覆盖层的主要作用是保水、隔水、为植被生长提供养分等。覆盖层可采用秸秆和黄土混合物构成,厚度 10 cm 左右。由于西部地区风大,水土流失严重,覆盖层放在地表不易固定,因此,本方案考虑将该层放到表土层与生土层的中间。

3)生土层

土层厚度 50 cm 左右,利用裂缝两侧表土层以下的黄土进行充填。裂缝两侧黄土层的剥离宽度为 50 cm,剥离厚度 50 cm。台阶平台向外侧留 3%～5%的坡度。

4)垫层

垫层可利用矸石进行填充,如果周围黄土较多,也可使用黄土进行充填。当充填高度距设计高度 1 m 左右时,应开始用木杆做第一次捣实,然后每充填 30 cm 左右捣实一次。

2. 裂缝区充填工艺

为了提高工作效率,本研究提出"分段剥离,交错回填"的塌陷地裂缝充填工艺。首先根据裂缝的发育情况,划分成若干个施工块段,依次施工(见图 5-24)。块段长度 5～10 m,以便于机械施工为原则。

先将第 1 块段的表层土和生土分别剥离和堆存,然后将第 2 块段上部的表土也进行剥离和堆存。此时,在施工区域外形成了 2 个土堆(见图 5-24),并可以充填第 1 块段的垫层。垫层施工完成后,将 2 块段生土进行剥离并充填在第 1 块段的开挖区内,形成第 1 块段新构土壤的生土层,然后将第 3 块段的表土层剥离回填在第 1 块段,就构成了以第 2 块段生土和第 3 块段上部表土层所组成的新的第 1 块段土壤剖面,且使上部土层仍在上部,下部土层仍在下部。以此类推,通过这种交错回填实现新构土层结构与原来结构保持基本不变。其中,最后 2 个块段的重构需用第 1、2 块段剥离并堆存的土源来回填。新构土层的剖面结构可表示为

第 i 块段土层剖面＝第 $i+2$ 块段表土＋覆盖层＋第 $i+1$ 块段生土＋垫层

$(i=1, 2, \cdots, n-2)$

第 $n-1$ 块段土层剖面＝第 1、2 块段表土＋覆盖层＋第 n 块段生土＋垫层

第 n 块段土层剖面＝第 1、2 块段表土＋覆盖层＋第 1 块段生土＋垫层

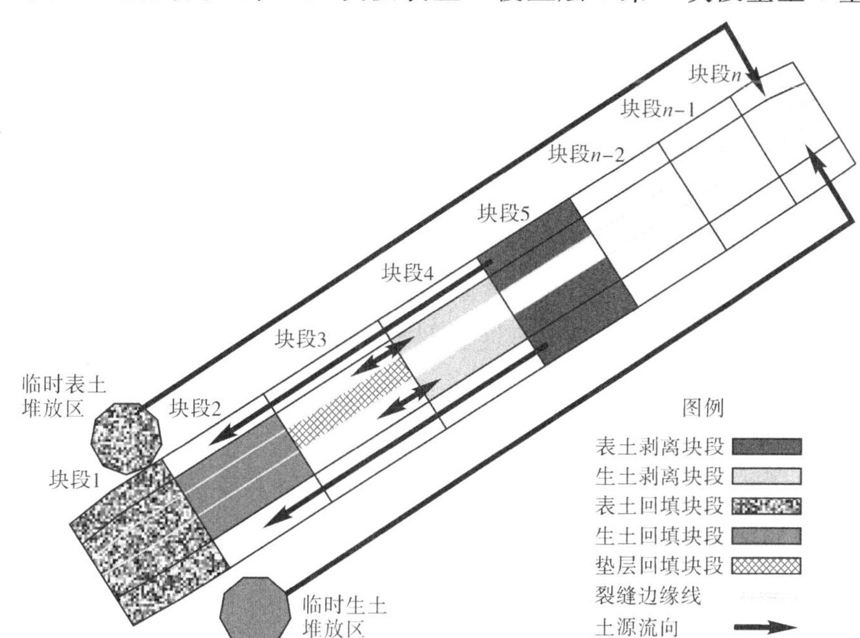

图 5－24　裂缝区分段剥离交错回填示意图

5.2　塌陷区土地综合整治技术

在采煤沉陷区，存在更多的是宽度在 0.2 m 以内的小型裂缝，这种小型裂缝主要结合土地综合整治进行治理。

5.2.1　坡式梯田整地

对于塌陷后坡度为 6°～10°的坡耕地，采用坡式梯田模式进行整治。所谓坡式梯田就是在缓坡耕地上，根据坡度大小、土层厚薄和机械作业的要求，在坡面上相隔一定距离沿等高线作埂，修成坡式梯田，而后用定向翻转犁逐年向下坡方向耕翻，使田面逐渐达到水平梯田（王礼先，2000；王金满 等，2013）。

1. 等高埂间距的确定

等高埂主要根据地面坡度、土层厚度和机械作业要求而定。地面坡

度小、土层厚，田面可宽些；地面坡度大、土层较薄，则窄些。其要领是坡式梯田达到水平后，挖方部位田面以下要保留 0.4～0.5 m 厚的土层。

2. 坡式梯田地埂(田坎)的设计

地埂设计包括埂高、埂底宽、埂顶宽(上宽)、边坡系数等。

(1)埂高：主要根据田面宽度、土质而定，田面宽、土质黏重，埂则高些；田面窄，土质较沙，埂则低些。根据类似区的多年实践，埂高以 60 cm 为宜，田面达到水平后，田坝高度以不超过 100 cm 为宜，否则易塌陷。

(2)埂宽：取决于埂高、田埂边坡系数，田埂高、边坡系数大，埂则宽些。

(3)边坡系数：为防止田埂塌陷，横断面应有一定的边坡。边坡系数主要取决于土质。一般黏质土为 0.5 左右，沙质土为 0.7 左右。

3. 田面宽度设计

田面宽度主要取决于地面坡度和机械作业要求，在施工中可按表 5－1 的标准进行作业。

表 5－1 坡式梯田断面尺寸表

坡面坡度	田面净宽/m	埂高/m	埂顶宽/m	田埂边坡系数
6°	22	0.6	0.4	外坡 0.5，内坡 1
8°	20	0.6	0.4	外坡 0.5，内坡 1
10°	18	0.6	0.4	外坡 0.5，内坡 1

4. 坡式梯田的施工

坡式梯田的施工包括定线、清基、筑埂、保留表土等程序。筑埂应在埂线下方取土，采用下切上垫的方法。沿等高线布设定线过程中，遇局部地形复杂处，应根据大弯就势、小弯取直的原则处理，有的为保持田面等宽，需适当调整埂线位置。

田埂必须用生土填筑，土中不能夹有石砾、树根、草皮等杂物。修筑时应分层夯实，每层虚土厚约 20 cm，夯实厚约 15 cm。

修筑中，每道埂应全面均匀同时升高，不应出现各段参差不齐的现象，从而影响接茬处质量。田埂升高过程中，应根据设计的田埂坡度，逐层向内收缩，并将埂面拍光。

坡式梯田要加强水土保持耕作措施和田间蓄水工程建设，通过耕作，使田面逐年减缓坡度，最终演变为水平梯田。

5.2.2 集流梯田整地

考虑到研究区干旱少雨、水土流失严重的具体情况，对于塌陷后坡度为10°～25°的坡地，采用集流梯田模式进行整地。

1. 集流梯田的内涵

集流梯田是坡地雨水径流的集蓄叠加利用，其内涵是指梯田和自然坡地沿山坡相间布置，即上一级梯田与下一级梯田之间保留一定宽度原山坡，作为下一级梯田的主动集流区，调控坡地径流的集聚和再分配，使其在一定面积内富集、叠加，以补充水平田面内植物需水量的不足；同时，集流坡面可配套种植矮秆经济作物、干果经济林和优质牧草等，既可增加经济效益，也对下一级梯田具有聚肥改良的作用，从而达到提高坡耕地综合生产力的目标（王玉德，2000）。集流梯田如图5－25所示。

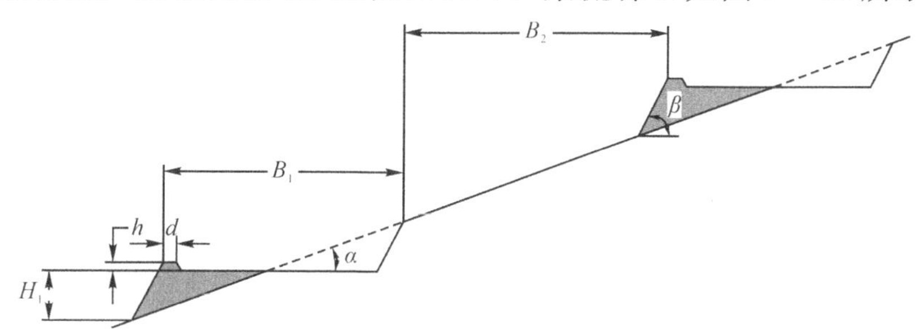

图5－25 集流梯田示意图（王玉德，2000）

2. 承流面面积与产流面面积的比值（η）计算

集流梯田具有一定的集流面积，存在着淤积与防洪问题。从保证梯田安全的角度考虑，具有一定拦蓄能力的梯田（承流面）面积和具有一定产流能力的坡面（产流面）面积应保持一定的比例关系。η采用下式计算：

$$\eta=\frac{h_B}{h_A N+h_1\varphi} \tag{5-20}$$

式中 h_A——产流面年侵蚀深，mm；

h_B——梯田设计拦蓄深，mm；

h_1——设计频率24小时降雨深，mm（按照规范取10年一遇24小时降雨进行设计)；

φ——径流系数；

N——工程有效年限(按 5 年计算)；

η——承流面面积与产流面面积的比值。

5.2.3 顾及开采沉陷变形的梯田式复垦参数优化

对于塌陷后坡度在 6°以内的坡耕地，最常用的方法就是水平梯田整地。如果采用传统方法进行设计及工程量估算，可能会产生较大的误差。本研究结合采煤沉陷地的地形变化及裂缝的发育特征，探讨采用水平梯田式治理时的相关参数计算(陈秋计 等，2022a；2022b)。

1. 顾及裂缝充填的水平梯田断面优化

在正常条件下，水平梯田的设计断面如图 5－26 所示。图中，α 为原地面坡度(°)，β 为田坎坡度(°)，H 为田坎高(m)，B 为田面宽(m)，则单位长度水平梯田修筑的土方量 $V(m^3)$ 为

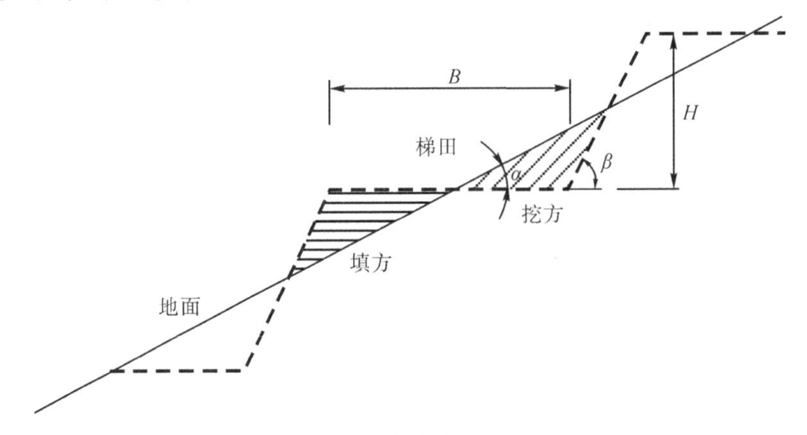

图 5－26　水平梯田断面设计

$$V=\frac{1}{8}B\times H \tag{5-21}$$

由于塌陷裂缝的存在，需要多余的土方进行裂缝充填，因此，需要对原来的设计断面进行调整，本研究给出两种方案。

1)方案一

在保证其他参数不变的条件下，适当降低田面高程 ΔH_1，即增加田

坎高度，来保证土方挖填平衡。调整后的断面如图 5－27 所示。图中 W 为裂缝开口宽度，D 为裂缝发育深度，则田面高程变化 ΔH_1 为

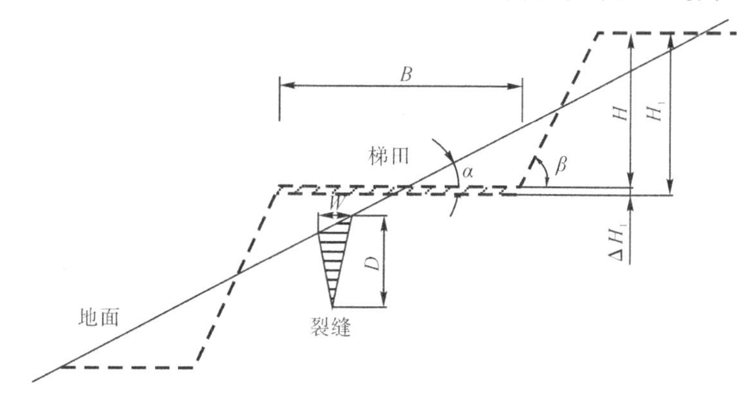

图 5－27 梯田断面调整（方案一）

$$\Delta H_1 = \frac{1}{2B} W \times D \tag{5-22}$$

调整后的田坎高度 H_1：

$$H_1 = H + \Delta H_1 \tag{5-23}$$

由于田坎高度增加，导致田坎占地系数 k_1 发生变化，即

$$k_1 = H_1 \times \cot\beta / (B + H_1 \times \cot\beta) \tag{5-24}$$

2）方案二

在保证其他参数不变的条件下，适当调整田面宽度 ΔB_1，即增加田面宽度，来保证土方挖填平衡。调整后的断面如图 5－28 所示。

田面宽度变化 ΔB_1：

$$\frac{1}{2} H \times \Delta B_1 = \frac{1}{2} W \times D$$

$$\Delta B_1 = W \times D / H \tag{5-25}$$

修正后的田面宽度 B_1：

$$B_1 = B + \Delta B_1 \tag{5-26}$$

由于田面宽度变化，导致田坎占地系数 k_2 发生变化，即

$$k_2 = H \times \cot\beta / (B_1 + H \times \cot\beta) \tag{5-27}$$

3）方案对比分析

方案一和方案二都可以在满足土方综合平衡的条件下对塌陷裂缝

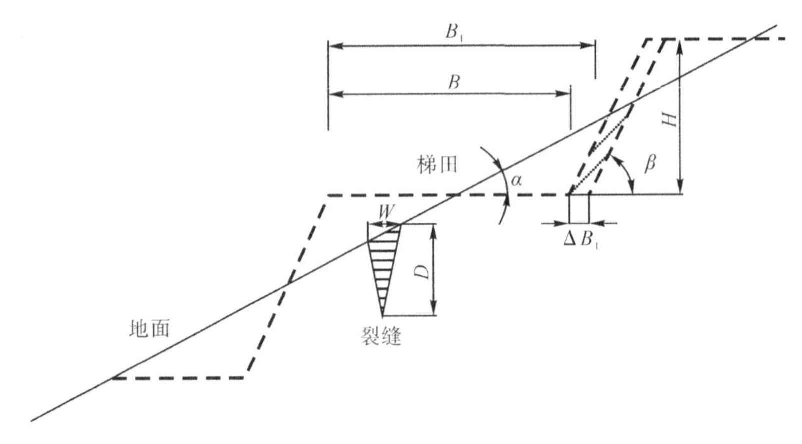

图 5-28　梯田断面调整(方案二)

进行治理。对于一个田面内存在多条裂缝的情况,亦可以采用此方法进行计算分析。但方案二可以保证裂缝区梯田田面高程与相邻区域一致,有利于水土保持,而且田面宽度增大,田坎占地系数相对较小。

2. 顾及地表坡度变化的水平梯田断面优化

由于地表不均匀下沉,导致原地形坡度发生变化,从而影响梯田设计参数。地表坡度未发生变化时,根据图 5-29,存在以下关系:

$$B = H(\cot\alpha - \cot\beta) \tag{5-28}$$

由于开采沉陷导致地形坡度变化 $\Delta\alpha$,则变形后的地面坡度 α_1:

$$\alpha_1 = \alpha + \Delta\alpha \tag{5-29}$$

为了使梯田处于同一高度,即 H 保持不变化,需要对田面宽度进行调整,即

$$B_2 = H(\cot\alpha_1 - \cot\beta) \tag{5-30}$$

式中,B_2 为修正后的田面宽度,m。

则田面宽度修正量 ΔB_2:

$$\Delta B_2 = B_2 - B \tag{5-31}$$

修正后的田坎系数 k_3:

$$k_3 = H \times \cot\beta / (B_2 + H \times \cot\beta) \tag{5-32}$$

修正后的单位长度水平梯田修筑的土方量 V_2 为

$$V_2 = \frac{1}{8} B_2 \times H \tag{5-33}$$

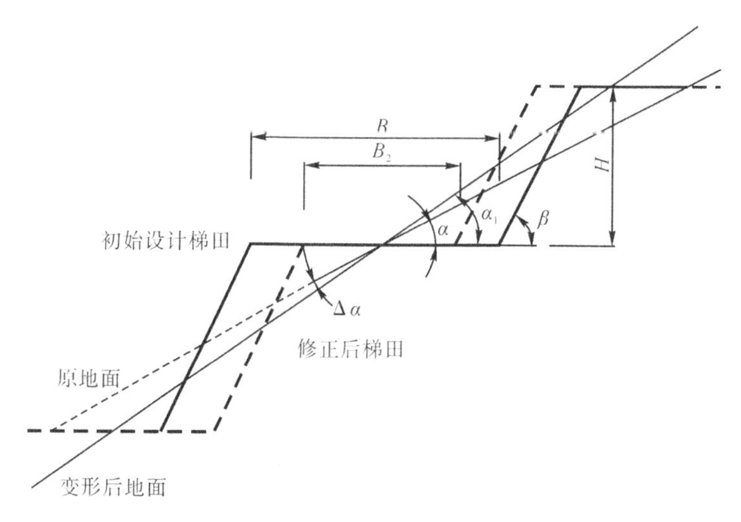

图 5-29 梯田坡度调整示意图

3. 顾及裂缝充填的梯田施工工艺

裂缝区土地平整采用纵向(梯田长度方向)分段，横向平整的方法。即首先沿梯田长度方向将治理区划分成若干个区段，然后以区段为单元进行治理。区段划分见图 5-30。每个区段的长度根据施工机械的作业效益而定。顾及裂缝充填的梯田施工工艺如下：

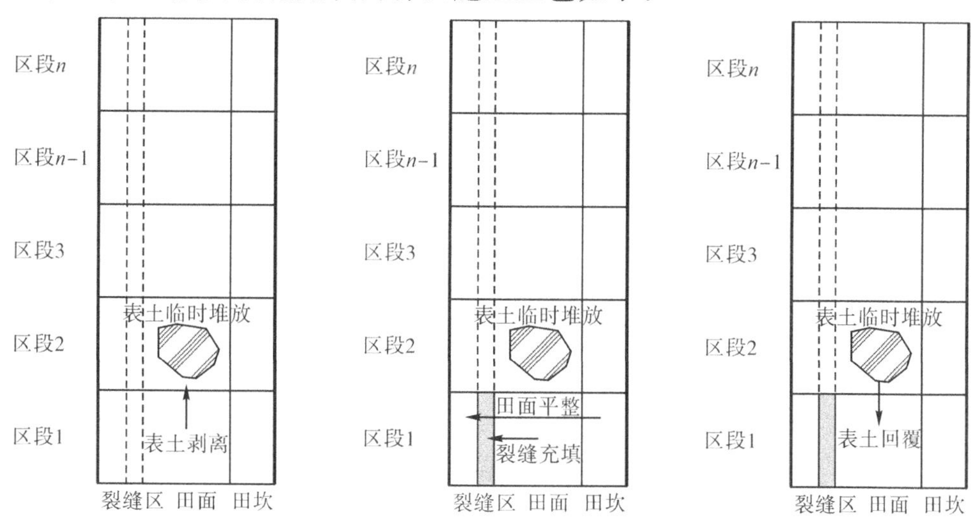

图 5-30 梯田施工工艺

(1)表土剥离:将第一区段的表土剥离，就近堆放到第二区段。

(2)裂缝充填:在第一区段内,利用底土,将裂缝充填至设计标高。

(3)田面平整:在第一区段内,采用挖高垫低的方法,利用底土平整田面。

(4)表土回覆:将之前剥离的表土覆盖到第一区段的田面上。

(5)开始一下区段的治理。

5.2.4 顾及剩余变形的采煤沉陷损毁土地动态复垦

我国90%以上的煤炭通过井工开采,沉陷持续时间长,如果等稳定后再采取治理措施,长时间的损毁可能造成土地荒芜,加剧生态退化,且后期复垦难度加大,资源浪费严重,因此,动态复垦成为当前的研究热点(胡振琪 等,2013)。动态复垦考虑在沉陷演化过程中采取治理措施,减少土地荒芜时间,控制土地退化。但是,由于治理时沉陷变形还没有完成,后续的剩余部分变形可能会对已实施的工程措施造成进一步的损毁,因此有必要在复垦时,考虑剩余变形的影响。本研究根据开采沉陷动态预计理论,结合土地复垦工程的相关要求,探索以开采沉陷剩余变形为指导的动态复垦关键技术,为提高土地复垦工作提供新的思路(陈秋计 等,2019)。

1. 开采沉陷剩余变形计算模型

1)开采沉陷剩余变形

开采沉陷剩余变形是指在特定地质采矿条件下,在对地表损毁土地采取治理措施时,已形成的地下采空区还可能引发的沉陷变形。开采沉陷是一个复杂的时刻变化过程,随着工作面的推进,不同时刻的工作面和地表点的相对位置不同,开采对地表点的影响也不尽相同。目前应用较多的是利用 Knothe 函数来描述开采沉陷动态变化过程(崔希民 等,1999;彭小沾 等,2004):

$$w(t)=w_0(1-e^{-ct}) \tag{5-34}$$

式中 w_0——地表点最终下沉量,mm;

$w(t)$——地表点在时刻 t 时的下沉值,mm;

c——时间影响参数,c 取值可参考公式(5-35)进行选择:

$$-\frac{v\ln 0.02}{1.4H_0}\leqslant c\leqslant-\frac{v\ln 0.02}{1.2H_0} \tag{5-35}$$

式中　v——工作面推进速度，m/a。

对公式(5－34)可进行变换，得到剩余沉降量：

$$w_r(t)=w_0-w(t)=w_0\mathrm{e}^{-ct} \tag{5-36}$$

式中　$w_r(t)$——地表点在时刻 t 时的剩余下沉量，mm。

下沉是开采沉陷最基础的变形参数，倾斜、水平变形等参数可根据下沉以及地质采矿条件进行推导获取，具体见相关文献，此处不再赘述，后续分析以下沉为主进行探讨。

2)地面任意点剩余变形的计算

将煤层坐标系的原点 $O_1(0,0)$ 设在工作面开切眼一侧的边界拐点(暂忽略拐点偏移)，横坐标 S 沿煤层底板指向工作面推进方向，Z 轴铅直向上，T 轴沿煤层底板垂直 S 轴；地表坐标系的原点 $O_2(0,0)$ 设在煤层坐标系原点 $O_1(0,0)$ 的正上方，X 轴、Y 轴方向分别同煤层坐标系的 S 轴和 T 轴，沉降 W 轴方向铅直向下。空间坐标如图5－31所示。

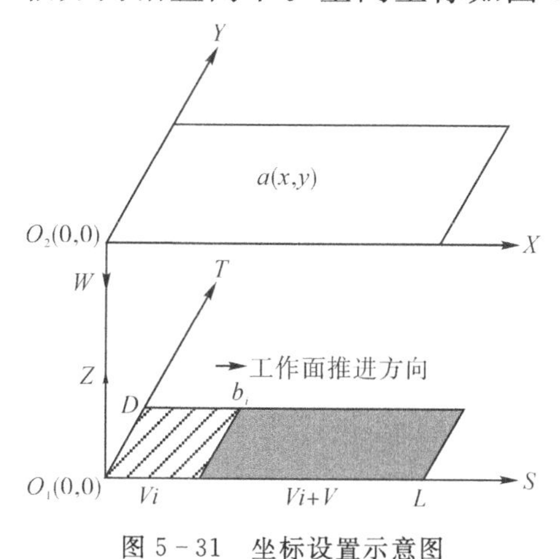

图5－31　坐标设置示意图

根据概率积分法和Knothe函数，在三维情况下，i 时刻开采的单位厚度的煤层单元 $b(s,t)$，在 j 时刻($j>i$)对地表点 $a(x,y)$ 的剩余下沉量计算方法为

$$w_r^a(j)=\frac{1}{r^2}\mathrm{e}^{-\pi\left[\frac{(x-s)^2+(y-t)^2}{r^2}\right]}\left(\mathrm{e}^{-c(j-i)}\right)=\frac{1}{r^2}\mathrm{e}^{-\pi\left[\frac{(x-s)^2+(y-t)^2}{r^2}\right]-c(j-i)} \tag{5-37}$$

式中　r——开采沉陷主要影响半径，m。

设定采煤工作面长 L(m)，宽 D(m)，匀速推进，速度为 v(m/a)，以开切点时为时间起点，每天所开采的空间视为一个矩形单元，则第 i 天所对应的开采矩形单元 b_i（如图 5－31 所示）范围为：S 方向 $s_i=v\times i\sim v\times(i+1)$；$T$ 方向 $t_i=0\sim D$。w_0 为地质采矿条件下的理论最大下沉值，在第 $j(j>i)$ 天，该矩形开采单元对地面点 $a(x,y)$ 的剩余下沉值采用积分法进行计算：

$$w_{r,b_i}^{a}(j)=w_0\int_{vi}^{vi+v}\int_0^D\frac{1}{r^2}\mathrm{e}^{-\pi\left[\frac{(x-s)^2+(y-t)^2}{r^2}\right]-c(j-i)}\mathrm{d}s\mathrm{d}t \tag{5-38}$$

参考有限开采的下沉的计算方法，令

$$w(x)=w_0\int_0^{\infty}\frac{1}{r}\mathrm{e}^{-\pi\left[\frac{(x-s)^2+(y-t)^2}{r^2}\right]}\mathrm{d}s=\frac{w_0}{2}\left[erf\left(\frac{\sqrt{\pi}}{r}x\right)+1\right] \tag{5-39}$$

公式(5－39)可变换为

$$w_{r,b_i}^{a}(j)=\frac{1}{w_0}\left[w(x-vi)-w(x-vi-v)\right]\left[w(y)-w(y-D)\right]\mathrm{e}^{-c(j-i)} \tag{5-40}$$

将每天所开采的工作单元对地表点 a 的影响求和，则可得到已开采工作范围对地表点 a 的联合影响，即

$$w_r^a(j)=w_{r,b_0}^a+w_{r,b_1}^a+\cdots+w_{r,b_i}^a+\cdots+w_{r,b_k}^a\ (k\leqslant j;k\leqslant L/v) \tag{5-41}$$

通过分析公式(5－41)可知，已开采的每个矩形单元对地表 a 的剩余下沉影响每天按照固定的系数进行衰减。因此，设定每天进行一次演化，公式(5－41)进一步简化如下：

$$w_r^a(j)=w_r^a(j-1)\times\mathrm{e}^{-c}+w_{r,b_j}^a\quad(j\leqslant L/v) \tag{5-42}$$

$$w_r^a(j)=w_r^a(j-1)\times\mathrm{e}^{-c}\quad(j>L/v) \tag{5-43}$$

2. 应用分析

1）矿山概况

选择河南某煤矿为例进行分析。该矿开采二$_1$煤层，平均厚度 6.47 m，为近水平煤层，工作面长 1635 m，宽 182 m，煤层平均埋深 830 m，工作面推进速度为 3.6 m/a，地表地形较为平坦，土地利用类型主要是耕地。结合周边相似矿区的地表移动观测站资料，选取下沉系数 $q=0.78$，水平移动系数 $b=0.3$，主要影响角正切 $\tan\beta=2.5$，时间影响参数

c=0.01414。参照上文的要求设置坐标系，在变形较大的主断面上选择一点 A(560,91)为例进行治理分析。

2)复垦时机选择及治理措施

根据以上场景，工作面沿长度方向匀速推进，以开切眼时间为第 0 天，开采持续时间约 454 天。对该地区耕地造成损毁的主要变形参数是水平变形和倾斜。为了防止复垦后土地沉陷裂缝的再次出现，要求剩余的水平变形小于 2 mm/m；为了保障正常灌溉，要求剩余倾斜变形小于2 mm/m。

(1)剩余水平变形演化分析。通过模拟计算(结果如图 5－32 所示)，随着开采推进，A 点的剩余水平变形(X 方向)经历如下变化趋势：从零值向正极大值(ε=2.20 mm/m，拉伸变形，第 113 天)演化，然后开始变小，逐渐演化到负极大值(ε=－3.65 mm/m，压缩变形，第 182 天)，此后逐渐趋于正值，工作面开采结束时，剩余的变形量为 0.06 mm/m。通过对比分析，第 120 天时，即工作推进 432 m 时，A 点的剩余水平变形已经小于 2 mm/m，后续不会出现大于该值的拉伸变形，此时可以对裂缝进行充填治理。

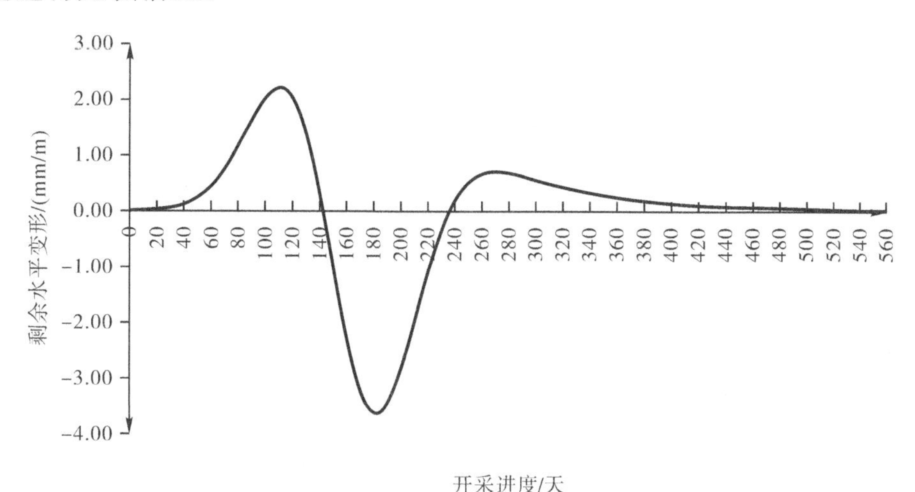

图 5－32　A 点的剩余水平变形(X 方向)随着开采进度的演化

(2)剩余倾斜变形演化分析。如图 5－33 所示，随着开采推进，A 点的剩余倾斜变形(X 方向)经历了如下变化趋势：从零值向负极大值

($i=-4.46$ mm/m,第 141 天)演化,然后开始逐渐向正值变化,第 238 天达到正的极大值($i=2.72$ mm/m),此后开始变小,工作面开采结束时,剩余的倾斜变形量为 0.03 mm/m。通过对比分析,第 275 天时,即工作推进 990 m 时,A 点的剩余倾斜变形已经小于 2 mm/m,后续不会出现大于该值的倾斜变形,此时可以对土地进行平整。

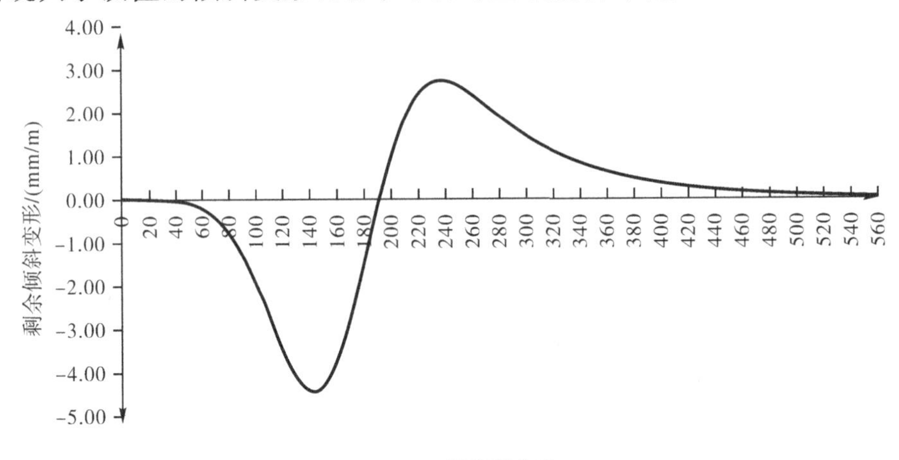

图 5-33　A 点的剩余倾斜变形(X 方向)随着开采进度的演化

3)讨论分析

根据传统的复垦要求,一般待沉陷稳定后再采取治理措施。该矿埋深较大,沉陷持续时间长,根据以往经验,从某一点开始变形,到基本稳定,需要持续 2075 天($T=2.5H_0$)。如果待稳定再治理,现实情况不允许。结合上文的治理思路,根据开采进度,在相应的时间点上,采取不同的治理措施,可以有效控制土地退化,维护土地的生产功能。

动态复垦强调将地面治理和地下开采有机结合,实现边开采边复垦,是绿色开采技术的重要组成部分。将剩余变形作为动态复垦的依据,有助于合理选择复垦时间,预防后续变形对已实施治理措施的影响,减少重复投资,提高土地利用率。动态复垦涉及的内容较多,目前还处于初步研究阶段,本研究成果可以为复垦工作提供一种新的思路。

5.2.5　塌陷区侵蚀沟微地貌治理技术

在黄土丘陵沟壑区的采煤塌陷地中,存在大量的侵蚀沟。侵蚀沟表层岩土风化严重，沟深陡峭，工程地质稳定性极差，在地下开采扰动和坡体重力作用下，滑坡、坍塌、崩塌、地裂缝等开采沉陷地质灾害频频发生，严重威胁人民生命财产安全。对该类型采煤塌陷破坏区进行治理，需要采取综合措施。

1. 沟头部位治理

沟头防护是沟壑治理的起点，其主要作用是防止坡面径流进入沟道而产生的沟头前进、沟底下切和沟岸扩张，此外，还可起到拦截坡面径流、泥沙的作用。沟头防护类型可采用沟埂式防护工程，即沿沟边修筑一道或数道水平半圆环形沟埂，拦蓄上游坡面径流，防止径流排入沟道。沟埂的长度、高度和蓄水容量按设计来水量而定。

2. 沟坡部位治理

1）治理原则

治理后的斜坡坡角、长度、形态应与周围地貌景观相融合，保持视觉上协调，并与当地降水条件、土壤类型和植被覆盖情况和谐。

2）削坡设计

采用人工或机械方式削减坡度，坡度依据项目所在地区的具体情况而定。黄土丘陵区一般采用黄土的安全角度作为参考进行削坡设计，使边坡更加稳固，降低崩塌、滑坡等地质灾害发生的概率，且修复破损的边坡要与周围自然景观相协调。

坡面的设计形式有阶梯形、直线形、折线形、大平台形等。黄土丘陵地区多采用阶梯形模式，即将破损边坡削坡后修整为阶梯状地势，台面进行植被恢复，防止水土流失。

3）台阶修建

一般来说，边坡高度超过 20 m 时应沿等高线设置一定的平台，形成台阶形。高程每增加 3 m，修建一个小台阶，小平台宽 1 m，并在外侧修建地埂，地埂上顶宽 0.2 m，下底宽 0.5 m，高 0.2 m。

4）栽植植物篱

在坡面的台阶上，栽植植物篱，从而稳定边坡，控制水土流失。植物篱带形成的篱坎能降低坡面坡度，使坡地自然梯化。植物篱选种灌木，如沙棘、柠条和紫穗槐等。

3. 沟岸部位治理

在距削坡后的沟边 2～4 m 处修沟边埂，埂上栽植灌木，埂外营造 10～20 m 宽防护林带。

4. 沟底部位治理

由于采煤引起边坡滑塌，导致大量滑塌体堆积在沟谷，破坏了原沟底植被。滑塌体较为松散，下雨后容易造成水土流失和泥流隐患，同时也有部分裂缝存在，严重破坏了生态环境，因此，必须对沟底采取整地措施，以确保沟底正常通顺并恢复周围生态环境。沟底整治要与滑塌体削方工程相结合，同时为了避免局部堆土过高，造成安全隐患，沟底的整平工作可划分多个水平进行整治。沟底土地整治采用堆状地面土壤重构技术，见图 5-34。

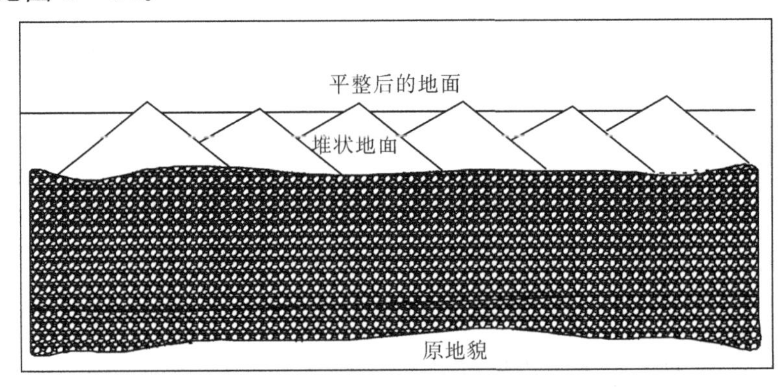

图 5-34 堆状地面土壤重构示意图

5. 冲积扇部位治理

冲积扇部位的土体稳定，土壤湿润、土质肥沃，可营造经济效益较高的果树等经济林，或速生丰产用材林。

5.3 矿区山水林田湖草综合配置

多年来，采煤沉陷地的治理主要集中于受损的局部区域，头疼医头，脚痛医脚，缺乏系统观，这种模式显然满足不了“整体保护、系统修复、综合治理”的要求。党的十九大报告中指出，对待生态环境犹如待生命一般，必须要遵循“山水林田湖草”生命共同体的原则，兼顾生态系统中的各要素，这样才能对沉陷区生态系统进行科学合理的保护与修复。本节以陕北榆林某煤矿为例，探讨风积沙矿区山水林田湖草综合配置的相关理论与方法。

5.3.1　基于生态位理论的风积沙矿区山水林田湖草配置

生态位是指在生物群落或生态系统中，每一个物种都拥有自己的角色和地位，即占据一定的空间，发挥一定的功能。自然生态系统中的物种或种群首先只有生活在适宜的微环境中，才能得以延续和发展(金松岩 等，2009)。生态位对所有生命现象都具有普适性，不仅适用于生物界，也适用于山水林田湖草生命共同体。

根据相关研究成果，陕北毛乌素沙地地表生态系统对地下水位具有很强的依赖性，同时地形条件也决定着风沙土的理化特性，进而影响植被分布。基于以上分析，本研究认为风积沙矿区山水林田湖草生命共同体各因素中，山(地形)和水(潜水位和河流)是基础，是决定其他要素空间分布的生态位条件；林和草是根本，是维系区域生态系统可持续性的关键，是生态系统服务价值的体现；耕地和湿地(湖泊)是“枝干”和“叶子”，是生物多样性的体现。综上，本研究构建了基于生态位理论的风积沙矿区山水林田湖草生命共同体相关要素关系，具体如表 5-2 所示。

表 5-2　风积沙矿区山水林田湖草生命共同体相关要素配置表

生态位条件			生态要素				
			耕地	乔木林地	灌木林地	草地	湖(湿地)
水	潜水位埋深/m	<0.5	N	N	N	II	I
		[0.5,1.5)	II	N	II	N	II
		[1.5,3.0)	I	II	I	II	N
		[3.0,5.0)	II	I	II	II	N
		[5.0,8.0]	III	III	III	III	N
		>8.0	IV	IV	IV	III	N
	距河流的距离/m	<50	II	III	III	II	I
		[50,100)	I	II	II	I	II
		[100,200]	II	I	I	II	III
		>200	III	II	II	III	N

续表

生态位条件			生态要素				
			耕地	乔木林地	灌木林地	草地	湖(湿地)
山	坡度/(°)	<6	I	I	I	I	I
		[6,15)	II	II	II	II	N
		[15,25]	N	III	II	III	N
		>25	N	N	III	III	N
	坡向	迎风	III	III	III	III	N
		背风	II	II	II	II	N
		滩地	I	I	I	I	II

说明:①I、II、III、IV 表示生态要素的适宜性程度,其中,I>II>III>IV;N 表示不适宜;不同要素之间,坚持生态保护优先的原则。②坡向是指与当地主风向的关系。

风积沙矿区山水林田湖草典型空间配置如图 5 - 35 所示。

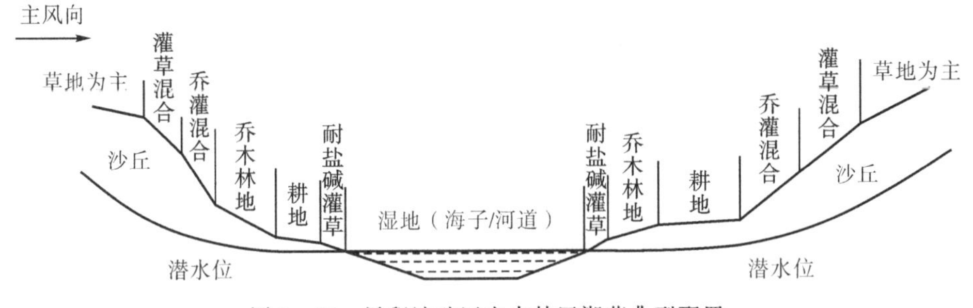

图 5 - 35　风积沙矿区山水林田湖草典型配置

5.3.2　顾及开采沉陷的风积沙矿区山水林田湖草综合配置

1. 开采沉陷对地形的影响预测

首先,根据地表移动盆地主断面上的下沉值和原地表高程值,分析开采沉陷对地形的影响。如图 5 - 36 所示,其中,主断面上的下沉值(S)利用概率积分法或几何法进行计算;主断面上的原地表高程值(E_0)根据地形等高线内插生成;沉陷后的地面高程值(E_1)=原地表高程值(E_0)-下沉值(S)。

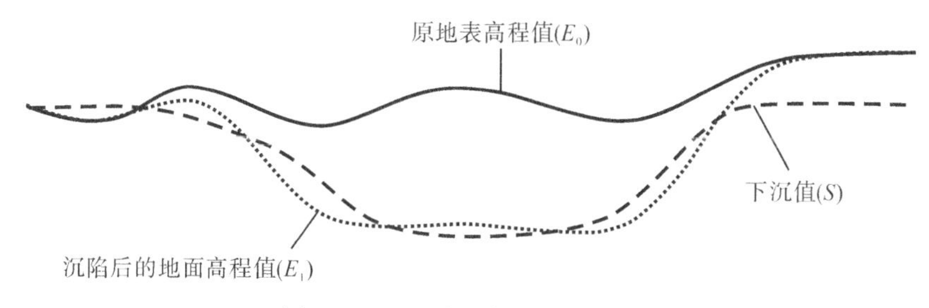

图 5－36　开采沉陷对地形的影响

然后，根据沉陷后的地形，分析坡度和坡向等生态条件。

2. 开采沉陷对地下潜水位的影响预测

潜水位的变化可依据地下水数值模拟软件进行分析。开采沉陷导致地面高程下降，当地面高程低于周边潜水位标高时，地面出现积水，形成湿地(也称海子或湖泊)，如图 5－37 所示。

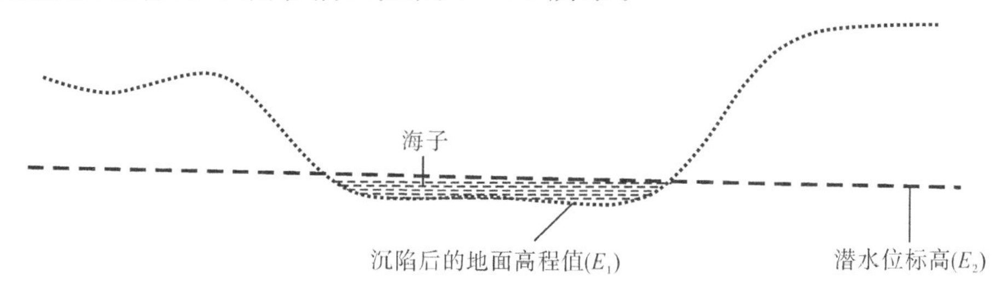

图 5－37　开采沉陷对潜水位埋深的影响分析

3. 树木的移植

由于开采沉陷，导致植被的立地条件发生变化。根据相关研究成果及现场实际调查，陕北毛乌素沙地地表生态系统对地下水位具有很强的依赖性，当潜水位埋深小于 0.5 m 时，土壤出现盐渍化，部分植被的根系完全处于潜水位以下，导致植被死亡。因此，在开采沉陷导致潜水位埋深小于 0.5 m 前，需要对该区域的树木进行移植。移植位置参考上文的山水林田湖草综合配置模式。

4. 土壤种子库剥离与利用

土壤种子库是指存在于土壤表层凋落物和土壤中全部活性种子的总和，其对于该类型区生态恢复具有重要意义。对于开采沉陷可能导致地表积水的区域，需要在积水前，对地表 10 cm 左右的表层土进行剥离。剥离后，土壤种子库的撒播位置参考前文的山水林田湖草综合配置模式。

5. 沉陷湿地预处理

陕北风积沙区气候干旱，风沙大，对湿地生态系统的稳定性影响较大。因此，需要人工采取措施，维护湿地生态系统的稳定性。

措施一：挖深垫浅，提高湿地的蓄水量。在积水前，根据鱼类等水体动物生存的要求，适当深挖，增加蓄水深度，提高蓄水量。

措施二：引种水生植物，为鸟类及其他野生动物提供栖息地，促进生态系统演替，营造小型沙漠绿洲。

5.3.3 沉陷地分区治理技术

1. 治理分区

根据相关研究结果，风积沙区高强度开采引起的边缘裂缝以“带状”形式分布在工作面的开采边界（王新静 等，2015）。根据开采沉陷的边界角（δ）、裂缝角（γ）、拐点偏移距（s）等参数，将煤层采空区（D）所造成的地面沉陷区（T）划分为三个圈层进行分类治理和修复，三个圈层从外至里依次为自然修复圈（A）、人工促进修复圈（B）、人工诱导修复圈（C）（党应强 等，2021）。其空间分布如图 5－38 所示。

（1）自然修复圈（A）：位于沉陷区的边缘部分，属于连续变形区，一般地表不出现裂缝，对土壤和植被的扰动程度较小，因此该区的生态环境以自恢复为主。

（2）人工促进修复圈（B）：该区以非连续变形为主，裂缝呈“带状”形式分布于采空区边界所对应的地表上方。裂缝在开采结束后一般不会自动闭合，对地表土壤和植被扰动强度大，该区为采煤沉陷地的重点治理区域。因此，该区采用人工措施对裂缝区进行修复，促进生态恢复。

（3）人工诱导修复圈（C）：该区采煤对地表的扰动以动态裂缝为主，即采动过程中的临时性裂缝，一般发生在采煤工作面的正上方，且随着采煤工作面的推进同时发育，当工作面推过裂缝后，大部分裂缝将逐步闭合，但仍然会遗留部分微小裂缝及错台。由于裂缝区经过拉张和压缩的过程，一般持续 1 月左右（与工作面推进速度有关），且裂缝发育过程对土壤和植被的扰动强度较大。为了加快生态恢复，该区采用人工诱导的方式，进行生态恢复。

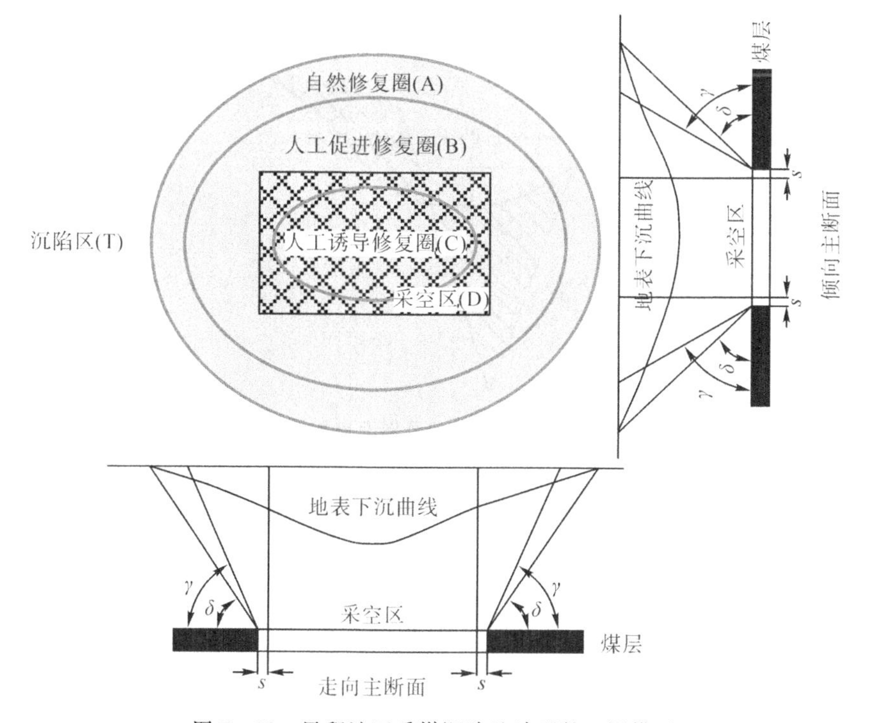

图 5－38 风积沙区采煤沉陷地治理的三圈模型

2. 治理措施

1)人工促进修复圈(B)生态恢复技术

该区内的土地破坏主要是边缘塌陷裂缝，其不会随着采矿过程自动愈合，需要人工处理。塌陷裂缝的治理遵循裂缝充填与荒漠化防治相结合的原则。

(1)裂缝治理区剖面重构。裂缝充填首先要减少对原生地表的扰动，优先考虑人工充填。从地形较高的一侧进行取土，取土区和裂缝区、充填区的地表应当自然衔接，形成 S 形结构。裂缝区处于凹形位置，下凹深度 H 取 15 cm，凹口宽度 W_1 控制在 1.5 倍的裂缝宽度 W 以内。取土区边坡为上凸结构，取土区的宽度 W_2 控制在 3 倍的裂缝宽度 W 以内。这种结构可以减少充填方量，同时可以拦沙蓄水，促进植被恢复。裂缝治理及剖面重构模型如图 5－39 所示。

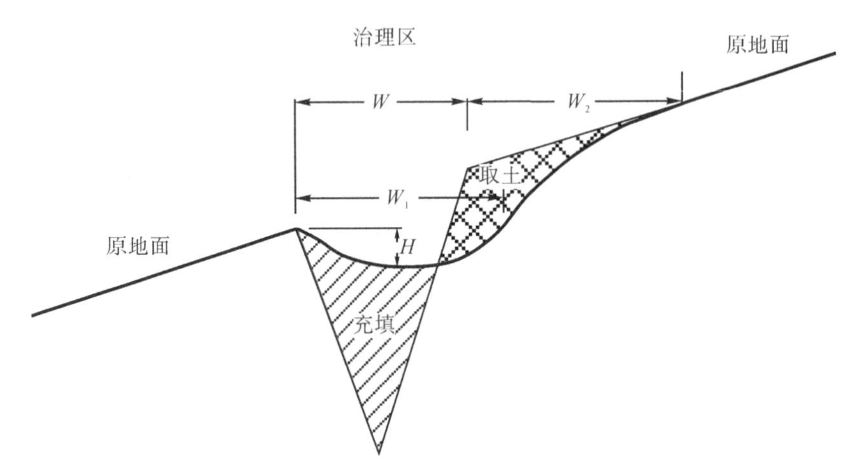

图 5-39 裂缝治理及剖面重构示意图

(2)沙障设置。在裂缝治理区两侧设置沙障。沙障材料选用秸秆，沙障间距 1 m,沙障高出地面以上 20 cm,沙障入土深度 20 cm。

(3)植被恢复。在雨季来临前,沿坡面进行浅沟整地,整地深度 15 cm,沟间距 20 cm;撒播草籽,草籽选择苜蓿或沙打旺等本地草种,播种量为 20 千克/亩,然后覆盖 2 cm 沙土。

沙障布置及植被恢复如图 5-40 所示。

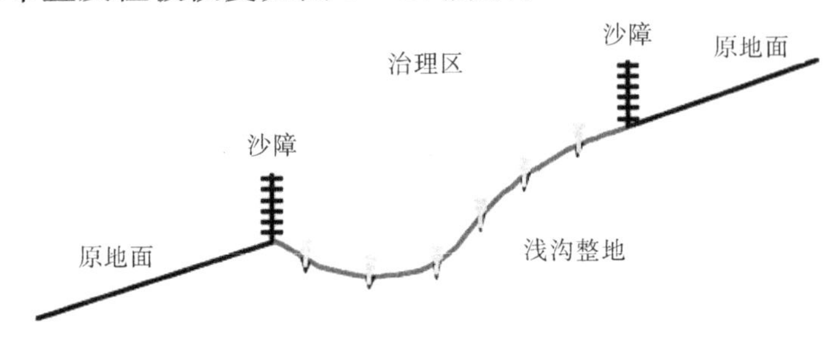

图 5-40 沙障布置及植被恢复示意图

2)人工诱导修复圈(C)生态恢复技术

该区域的主要治理对象是残余裂缝。该区域的裂缝通常经历拉伸和压缩的过程,残余的裂缝宽度较小,一般在 10 cm 以内,局部残留 10 cm左右的台阶或隆起。

(1)裂缝区整地:对于残留裂缝,就地掩埋,整地深度 15 cm,宽度 20 cm,使裂缝区中间低,两边高,高差 10 cm 左右。

(2)撒播草籽:人工将草籽均匀撒播到治理区的中间低洼处,播种量为 20 千克/亩。

(3)盖籽:用钉耙轻轻翻动表土,以使种子入土 1 cm 左右。

(4)喷水及施肥:及时进行洒水及施肥,可采用喷水施肥一体化作业装置,肥料采用水溶性复合肥。

3)自然修复圈(A)生态恢复技术

在雨季来临前,对裸漏的地面,进行草种撒播。同时,在沉陷区外围边界设置围栏,禁牧 3 年以上,控制人和动物的干扰,以生态系统自修复为主。

3. 治理工艺流程

第一步:根据煤层的赋存条件及开采工艺,结合开采沉陷影响参数,确定地面影响范围。

第二步:根据地表沉陷影响类型及程度,划分治理区,确定三圈的分布及规模。

第三步:根据不同治理位置,选择相应的治理措施及工艺。

治理流程详见图 5-41。

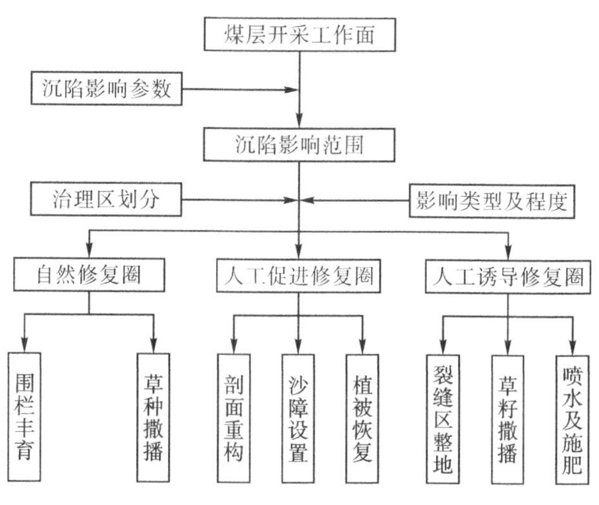

图 5-41　治理流程图

本章主要参考文献

陈秋计，曹亚楠，侯恩科，2022a. 顾及开采沉陷变形的梯田式复垦参数优化方法：CN112685824B[P]. 2022-01-04.

陈秋计，张雅萱，曹亚楠，2022b. 基于隔坡梯田模式的采煤塌陷裂缝治理方法：CN111837500B[P]. 2022-05-17.

陈秋计，张越，田柳新，2019. 基于剩余变形的采煤沉陷损毁土地动态复垦研究[J]. 煤炭技术，38(1)：4-6.

陈秋计，朱小雅，王鑫，等，2020. 一种治理黄土丘陵区采煤塌陷宽大裂缝的方法：CN110889163A [P]. 2020-03-17.

陈秋计，2016. 黄土丘陵沟壑区采煤塌陷地治理方法：CN104652451B [P]. 2016-05-18.

陈秋计，2015. 黄土丘陵沟壑区采煤塌陷裂缝治理方法：CN103741698B [P]. 2015-01-07.

崔希民，缪协兴，赵英利，等，1999. 论地表移动过程的时间函数[J]. 煤炭学报，24(5)：453-456.

党应强，苗彦平，陈秋计，等，2021. 一种西部风积沙区采煤沉陷地治理方法：CN110924376B [P]. 2021-04-06.

胡振琪，肖武，王培俊，等，2013. 试论井工煤矿边开采边复垦技术[J]. 煤炭学报，38(2)：301-307.

胡振琪，魏忠义，秦萍，2005. 矿山复垦土壤重构的概念与方法[J]. 土壤，37(1)：8-12.

金松岩，张敏，杨春，2009. 生态位理论研究论述[J]. 内蒙古环境科学，21(4)：12-15.

彭小沾，崔希民，臧永强，等，2004. 时间函数与地表动态移动变形规律[J]. 北京科技大学学报，26(4)：341-344.

王金满，白中科，宿梅双，2013. 山地丘陵区坡式梯田土地整治工程量快速测算方法[J]. 中国土地科学，27(01)：78-83.

王礼先，2000. 水土保持工程学[M]. 北京：中国林业出版社.

王新静，胡振琪，胡青峰，等，2015. 风沙区超大工作面开采土地损伤的演变与自修复特征[J]. 煤炭学报,40(9):2166-2172.
王义,2003. 神华神东矿区生态环境保护及治理技术[J]. 西北地质,36(C00):41-47.
王玉德,2000. 水土保持工程[M]. 北京:中国水利水电出版社.
吴群英,陈秋计,苗彦平,等,2021. 基于谷坊群的浅埋厚煤层开采地表塌陷裂缝治理方法:CN111663513B[P]. 2021-11-30.

第6章　双碳背景下矿山生态环境修复

6.1　双碳背景概述

2020年9月，中国国家主席习近平在第75届联合国大会上提出“双碳”目标，即二氧化碳排放力争于2030年前达到峰值，努力争取2060年前实现碳中和。这是中国向世界作出的郑重承诺。2021年3月，习近平总书记在中央财经委员会第九次会议上强调，实现碳达峰、碳中和是一场广泛而深刻的经济社会系统性变革，要把碳达峰、碳中和纳入生态文明建设整体布局。面对碳排放现状与治理难题，2021年10月国务院发布了《2030年前碳达峰行动方案》，明确了各地区、各领域、各行业目标任务，即加快实现生产生活方式绿色变革，推动经济社会发展建立在资源高效利用和绿色低碳发展的基础之上，确保如期实现2030年前碳达峰目标(卞正富 等，2022；于贵瑞 等，2022)。

矿产资源开发在带动矿区经济发展和满足能源需求的同时，产生了大量极度退化的损毁土地，使区域碳平衡遭到严重破坏，导致矿区碳固存能力下降甚至丧失。在碳达峰和碳中和背景下，矿产资源开发利用产生的温室气体排放必然会引起国内外学者的关注和重视(杨博宇 等，2021)。

双碳目标背景下，化石能源占比将逐步降低，低碳能源占比则逐步提高，高能耗、高排放的矿山企业面临节能减排的巨大压力。因此，大量的矿山在不久的将来会关闭，矿业转型发展与矿山生态修复任重道远。而传统的矿山生态修复以地貌重塑、土壤重构、植被恢复和景观重建为主，较少考虑节能、减排、增汇的目标，甚至采取了过度人工干预措施，增加了能源消耗与碳排放，与双碳目标背道而驰。因此，碳中和目标对矿山生态修复提出了新的要求(卞正富 等,2022)。新的形势下,开展矿山生态修复的理论研究,加强技术创新,推进新技术新方法的应用,创新矿山生态修复模式,对于指导矿山生态文明建设具有重要意义。

6.2 面向碳中和的矿山生态修复

6.2.1 碳源/汇的核算方法

碳排放计算方法与模型按照其设计思路,可分为宏观和微观两大类。宏观估算模型在大尺度上对碳排放核算给出概念性解释与方法,而微观估算模型直接面对不同的排放源类型估算出碳排放量。目前,使用范围较广、兼具宏观和微观特点的方法有排放因子法、质量平衡法和实测法 3 种(刘明达 等,2014)。矿区碳排放量核算普遍使用的是排放因子法,主要参考联合国政府间气候变化专门委员会(IPCC)温室气体清单指南给出的碳排放因子,核算难点在于不同碳排放源之间碳排放因子的选择(张振芳,2013);质量平衡法是一种新的测量方法,可明确区分各类实施设备和自然排放源之间的差异;实测法是根据碳排放源特点进行实测,结果精确,但获取难度较大(杨博宇 等,2021)。卫星观测可以在较高的空间分辨率上实现全球观测,为碳监测研究、全球碳循环、气候变化和温室气体减排提供重要的科学观测数据。2019 年第 49 届 IPCC 全会明确了利用大气观测,通过“自上而下”的通量计算对排放清单进行支撑和验证(刘毅 等,2021)。2021 年自然资源部碳中和与国土空间优化重点实验室、南京大学地理与海洋科学学院发布了“国土空间碳排放核算系统”。该系统利用特定国土空间土地利用遥感数据及相关的经济社会数据,实现自动核算各种土地利用类型在保持和变化中发生的碳排放(王自堃,2021)。在未来,我们应加强对核算方法的创新,探寻适合我国矿区的碳排放核算因子;同时,应用高分辨率遥感数据与野外数据相结合的方法预测未来矿区土地生态系统碳源/汇对全球气候变化的响应(杨博宇 等,2021)。

6.2.2 矿区损毁土地生态系统碳排放

采矿前,陆地生态系统大气碳库、植被碳库和土壤碳库彼此迁移转化，完成碳循环过程；在未受扰动的情况下，生态系统碳循环近似于平衡状态(徐占军，2012)。采矿活动剧烈扰动下会产生大量损毁土地，且由于土地利用类型发生变化、土壤理化性质改变、化石能源使用、自燃、煤层气逸散等导致生态系统碳循环过程发生改变，使得矿区碳固存能力下降甚至丧失(Lai et al.，2016)。采矿前，原地貌林地、草地、耕地等固碳能力较强，植被移除后导致固碳能力丧失，由碳汇型用地转变为碳源型用地；同时，采矿过程导致土壤理化性质发生改变，进而造成土壤团聚体破坏、有机质分解，增加了碳排放(Ghose，2001)。

6.2.3 矿山生态修复助力碳中和的途径

下面通过“增汇、减排、保碳、封存”四个方面进行分析。

(1)增汇：通过土地复垦改良土壤、重建植被，提升矿区碳固存能力，可以有效减少采矿活动产生的碳排放。相关研究表明，通过矿区生态修复可显著增加土壤有机碳库容量和CO_2吸收量。土地复垦是实现碳中和的一项十分有利的举措(张黎明 等，2015；何振嘉 等，2022)。

(2)减排：节约集约用地。矿区土地的节约集约利用，有利于减少矿区范围内碳排放量和缓解碳排放强度。通过土地利用结构、规模、方式和布局优化，可实现矿区土地节约集约利用。在规划设计前期，要切实做好土地资源利用调查，避免或尽可能减少对林地、天然牧草地等高碳汇型土地资源的开发和扰动，同时，要从有利于节能、减排、降耗等角度出发进行规划设计，实现矿区平面布局和空间布局最优规划，真正做到“少占地、少损毁”(张黎明 等，2015；何振嘉 等，2022；杨博宇 等，2021)。

(3)保碳：优化开采工艺和修复工艺，减少对重要生态系统的影响，稳定其固碳能力。如采用充填开采技术，减少地表沉陷；采用局部土地整治技术，减少对土壤的扰动，降低土壤侵蚀，促进蓄水保墒，提高表层土壤有机碳含量，增强土壤固碳能力。

(4)封存：即碳封存(carbon sequestration)，是用捕获碳并安全存储的方式来取代直接向大气中排放CO_2的技术。近年来，利用煤矿采空区封存二氧化碳成为研究热点。煤层采空区碎裂岩体可为CO_2封存提供分布广泛、规模巨大的封存场所，具有巨大的封存潜力。但要确保采后垮落空间CO_2安全可靠封存，还需要深入研究(王双明 等，2022)。同时，通过秸秆还田，增加土壤有机质含量，也可以实现土壤碳封存。

6.2.4 基于自然的解决方案(NbS)的矿山生态修复

基于自然的解决方案是保护、可持续管理和恢复自然的和被改变的生态系统的行动，能有效和适应性地应对社会挑战，同时提供生物多样性效益和为人类带来福祉。它侧重于依靠自然力量改善生态环境。相关研究表明，NbS 能为我国 2030 年减排目标贡献 30%的减排量，具有极大的减排潜力。基于自然的解决方案与我国生态文明理念高度契合，为推动生态文明建设提供了有效途径。2021 年 6 月 23 日，自然资源部与世界自然保护联盟(IUCN)在北京联合举办发布会，发布了《IUCN 基于自然的解决方案全球标准》《IUCN 基于自然的解决方案全球标准使用指南》中文版，以及《基于自然的解决方案中国实践典型案例》。全球标准设定了八条准则：准则 1 明确 NbS 所对应的社会挑战；准则 2 强调规划设计的尺度；准则 3～5 要求项目需满足可持续发展三大要求，即环境可持续性、社会公平性和经济可行性；准则 6 强调近期与远期效益的协调与权衡；准则 7 强调适应性管理；准则 8 要求使 NbS 主流化并发挥可持续性(罗明 等，2021)。八条准则可以理解为从针对的问题与对象、空间尺度、时间尺度、措施以及实施模式五方面提出 NbS 的实施框架(杨崇曜 等，2021)。在矿山生态修复中，应用 NbS 应注意以下几个方面。

1. 多目标的设置

矿山生态修复中应用 NbS 应首先关注修复目标的多元化。NbS 是以应对社会挑战为目标，以社会-生态系统为对象，其核心是其能够有效应对一项或多项社会挑战，并在规划过程中明确具体应对的社会挑战类型，这也是其项目实施的总体目标(杨崇曜 等，2021)。同时，应在首要目标和其他多种效益间公正地权衡。因此，矿山生态修复工程在确定之初，就需要结合 NbS 所提出的七个主要社会挑战以及矿山具体生态环境问题和社会经济问题进行综合确定修复目标，在保护修复生态的同时，实现社会-经济-生态协同发展，为区域可持续发展、乡村振兴等国家战略助力。例如，贺兰山曾经遭受高强度放牧、长时间露天及井下矿山开采等大范围、剧烈的人类活动干扰，原本脆弱的生态系统不断恶化。生态保护修复工程所面临的主要社会挑战是生态环境退化与生物多样性丧失、防灾减灾、经济与社会发展等。通过治理，消除地质灾害威胁，修复受损生态系统，增加生物多样性，恢复景观斑块之间的通道，增加连通性，使贺兰山自然生态系统整体功能得到逐步增强。此外，贺兰山通过发展葡萄庄园生态文化产业，促进了人与自然和谐共生（罗明 等，2021）。

2. 基于景观尺度的设计

NbS 的设计要求在景观尺度上开展，运用景观生态学等生态学原理，充分考虑社会-生态系统各要素的关联（杨崇曜 等，2021）。景观是一个由不同土地单元镶嵌组成，具有明显视觉特征的地理实体，它处于生态系统之上、大地理区域之下的中间尺度，兼具经济价值、生态价值和美学价值，是一个复合生态系统。景观生态学中的尺度指研究或观察某一景观生态学过程、现象、问题时所采用的空间单位或时间单位。矿山生态修复并不是单纯的景观重现，而是在区域生态背景下，根据景观格局与过程对维持生态安全的能力，基于功能与动态的景观类型与格局的恢复与重建（张艳芳 等，2005）。NbS 要求设计中应考虑场地和治理措施以外的因素，以便将不同尺度的机会、风险和相关因素也纳入其中。所有治理措施，包括在单个场地或较小空间尺度上实施的治理措施，都应在景观规划的背景下制定，以确保活动具有战略意义，并最大限度地为人类和生态系统带来效益，尽量减少对邻近生态系统和周边人群的不利影响（自然资源部，2021）。因此，NbS 的生态修复必须基于山水林田湖草沙生命共同体的理念，从景观尺度着手，区域综合考量，整体实施。

3. 关注生态系统完整性

NbS 强调保护或恢复生态系统完整性，并避免生态系统的进一步单一化。生态系统完整性包括生物多样性、生态系统和景观的结构和功能，以及连通性。此外，NbS 依赖于生态系统的支持功能。因此，矿山生态修复应先选择参照生态系统，将修复对象与参照生态系统进行对比，包括其组成、结构、功能、连通性、生物多样性和外部威胁，进而确定 NbS 的特定目标（自然资源部，2021）。

4. 保证经济可行性

NbS 的首要目标是以经济可行的方式有效应对一个以上的社会挑战，需要比较各种可供选择的解决方案，识别出其中最有效且可承受的方案。为了使 NbS 能在各种情况下为社会挑战提供最有效的解决方案，应该考虑一系列的选择，包括循环经济、自愿承诺、税收优惠、绿色就业和公益金融（自然资源部，2021）。基于此，矿山生态修复需要从 NbS 的角度，考虑矿山地质环境保护与复垦基金的提取，保障项目的顺利开展。

5. 加强公众参与

公众全面参与对 NbS 措施的成功实施至关重要。公众参与的目标应该是确保知识、技能和观点的多样性为 NbS 措施的实施和发展提供信息，从而使利益相关方能够对 NbS 有获得感。NbS 应允许干预措施开始到结束期间可能受到直接或间接影响的所有人积极参与（自然资源部，2021）。NbS 的矿山生态修复应制定全面、全程的公众参与方案，公众参与形式及内容应公开、科学、合理，同时提供公众参与反馈意见的处理结果，对公众意见的采纳与不采纳情况及其理由应作出说明。

6. 进行适应性管理

针对生态系统的动态变化特征和生态过程的不确定性，为实现生态保护修复效果最大化，在开展生态保护修复工作的过程中，应开展全程全面的生态监测，并对修复效果进行评价，及时发现新问题。同时，结合监测结果不断调整保护修复措施和目标，实施适应性管理（杨崇曜 等，2021）。

7. 采用分类修复模式

NbS 强调解决方案是因地制宜的，在遵循生态系统方法和原则的基础上，应与区域自然、文化和管理规制相容。借鉴 NbS 的分类模式，矿山生态修复可以分为以下类型。

1）保护型：以保护为主的解决方案

通过尽量减少对生态系统的干扰，消除对生态系统的潜在威胁，维持自然生态系统状况，更好地保护利用生物多样性和自然生态系统（自然资源部,2021)。如荒漠化矿区的保水开采,“先采煤破坏,再恢复治理”的建设思路和方法在该区域不适合,生态环境破坏后,一是恢复的难度太大,时间漫长;二是恢复的成本太高,甚至超过产煤所产生的经济价值。因此,在西部荒漠化生态脆弱矿区采煤,必须以控制地下水位为核心,在保护合理的生态水位条件下,通过采煤区域的合理选择和采煤方法的改进,达到采煤保水和保护生态的目的(王双明 等,2009)。

2)改善型:以调整现有生态系统为主的解决方案

通过改善和提升可持续的生态和景观功能,以增强生态系统的稳定性和适应力,更好地提供特定的生态系统服务,如重构土壤改良。

3)再造型:创造新生态系统的解决方案

充分利用治理区自然生态环境现状,通过绿色基础设施建设,重新建造一个高效的生态系统(自然资源部,2021)。如露天矿的生态修复,通过对矿坑周边环境和生态展开系统的治理和重构,可以引入水源,将露天矿坑改造成为湖泊。通过湖泊的作用,将矿坑附近的土地慢慢改造转化为肥沃的农田、茂密的森林和碧蓝的湖泊,此举能够实现矿区经济、文化、旅游和社会的综合发展(赵晓林 等,2021)。再如采煤沉陷积水区景观再造,采取传统的耕地复垦治理方法缺乏足够的充填物料,此时对于近郊采煤沉陷积水区,可通过水域构建、污染治理、景观建设等工程,建设湿地公园,改善居民的宜居性,提高城镇居民的生活质量水平(鲁叶江 等,2015)。

6.3 绿色矿山建设

绿色矿山是在矿产资源开发全过程中,实施科学有序开采,对矿区及周边生态环境扰动控制在可控制范围内,实现矿区环境生态化、开采方式科学化、资源利用高效化、企业管理规范化和矿区社区和谐化的矿山。

6.3.1 绿色矿山评价

根据自然资源部印发的《绿色矿山评价指标》,绿色矿山评价指标由先决条件和评分指标 2 部分构成,其中,先决条件含 5 项指标,评分指标含6项一级指标，24项二级指标，100项三级指标(董煜 等，2020；高云飞 等，2022)。

1. 先决条件

评价指标的先决条件，对应行业标准中的总则部分，从遵守国家法律法规和相关产业政策、依法办矿等方面对矿山提出了基本要求。先决条件属于否决项，有一项达不到不能参与绿色矿山遴选工作。

2. 评分指标

一级指标主要包括矿区环境、资源开发方式、资源综合利用、节能减排、科技创新与智能矿山、企业管理与企业形象六个方面。

1)矿区环境

矿区环境分值220分，包括矿容矿貌和矿区绿化2个二级指标，17个三级指标。其中，矿容矿貌分值170分，包括12个三级指标，内容涉及场地功能分区、设备设施、矿区与道路的清洁及建筑的建设维护等方面；要求矿区功能分区布局合理，环境卫生整洁，标识、标牌等标志物规范统一、清晰美观，矿山生产、运输、储存过程中防尘、减噪保护制度和措施到位。矿区绿化分值50分，包括5个三级指标，内容包括矿区绿化覆盖、矿区美化等方面。矿区绿化在提出绿化要求的同时，也对绿色效果的保障措施提出了要求。

2)资源开发方式

资源开发方式分值240分，包括资源开采、选矿加工、矿山环境恢复治理与土地复垦、环境管理与监测4个二级指标，15个三级指标。其中，资源开采分值80分，包括2个三级指标，内容涉及开采技术、开采工作面质量要求两个方面；要求根据矿体赋存条件、矿区生态环境特征，采用先进的开采方法，最大限度减少土地占用，最大限度降低对自然环境的破坏和污染。选矿加工分值60分，包括1个三级指标，即选矿及加工工艺，要求采用自动化程度高、能耗低、污染物产生量小的生产设备和工艺。矿山环境恢复治理与土地复垦分值60分，包括4个三级指标，涉及范围要求、治理要求、土地利用功能要求和生态功能要求；要求贯彻“边开采、边治理、边恢复”的原则，及时治理恢复矿山地质环境，复垦矿山占用土地和损毁土地，矿山地质环境治理程度和土地复垦率达到矿山地质环境保护与土地复垦方案的要求。环境管理与监测分值40分，包括8个三级指标，涉及的内容较多，包括环境保护设施、环境管理体系认证、环境监测制度、应急响应机制、矿山地质环境动态监测情况等；主要围绕矿山生态环境监测的制度体系建设提出要求，进行绿色矿山评估过程中，并不对矿山生态环境的具体数据进行评测。

3)资源综合利用

资源综合利用分值120分，分不同行业提出了不同要求。对于煤炭行业，主要包括共伴生资源综合利用、固废处置与综合利用、废水处置与综合利用3个二级指标，10个三级指标。其中，共伴生资源综合利用分值40分，包括4个三级指标，要求按矿产资源开发利用方案进行共伴生资源的综合勘查、综合评价、综合开发，选用先进适用、经济合理的工艺技术对共伴生资源进行加工处理和综合利用，对复杂难处理或低品位矿石采用新工艺降低能耗，对暂不能开采利用的共伴生矿产采取有效保护措施。固废处置与综合利用分值40分，包括3个三级指标，要求通过回填、铺路、生产建材等方式充分利用固体废物，剥离表土以及煤层上覆岩石，用于土地复垦、生态修复，从煤矸石、废石等固体废弃物中提取有价元素或有用矿物。废水处置与综合利用分值40分，包括3个三级指标，要求配备矿井水、疏干水、钻井废水、洗井废水等开采废水处理设施，采用洁净化、资源化技术，实现废水的有效处置，建立选矿废水等生产废水的循环处理系统，生产废水实现循环利用，生活污水得到有效处置。

4)节能减排

节能减排分值200分，包括节能降耗、废气排放、废水排放、固废排放、噪声排放5个二级指标，17个三级指标。节能减排要求建立矿山能耗核算体系，控制并减少单位产品能耗、物耗、水耗，矿山单位产品综合能耗满足国家标准规定值；生产过程中产生的废气、废水、噪音、废石及尾矿产生的粉尘等污染物得到有效处置；采取减排措施，减少“三废”排放，废气、粉尘、噪音、污水废水和固体废弃物等排放物的排放限值符合相关国家标准及规定。

5)科技创新与智能矿山

科技创新与智能矿山分值115分,包括科技创新、智能矿山2个二级指标,15个三级指标。科技创新与智能矿山从矿山的科研体系建立与科技创新成果、矿山数字化建设等方面提出了具体的评价要求。其中,科技创新分值65分,包括8个三级指标;智能矿山分值50分,包括7个三级指标。

6)企业管理与企业形象

企业管理与企业形象分值105分,包括绿色矿山管理体系、企业文化、企业管理、社区和谐、企业诚信5个二级指标,22个三级指标。企业管理与企业形象从推进绿色矿山建设、建立企业文化、共享开发收益等方面提出了具体的评价要求。其中,绿色矿山管理体系分值28分,包括5个三级指标;企业文化分值13分,包括4个三级指标;企业管理分值44分,包括8个三级指标;社区和谐分值10分,包括2个三级指标;企业诚信分值10分,包括3个三级指标。

3. 计分办法

因矿种、开采方式不同,针对一个具体的矿山,并不是所有评价指标都适合该矿的实际情况。对于不适合该矿实际情况的情形,相关指标不参与对企业的绿色矿山建设评估。对于不涉及项,大类最后得分采用折合法计分。

4. 达标要求

总得分原则上不低于800分,一级指标得分(折合后得分)原则上不能低于该级指标总分值的75%。

6.3.2 绿色矿山建设案例

以陕西某煤矿为例,分析该矿绿色矿山建设的特色之处。该矿位于陕西省延安市黄陵县,为国有煤矿,井工开采,年生产能力120万吨。结合国家绿色矿山创建要求,该煤矿采取了一系列切实有效的建设措施。

1. 树立矿山绿色发展的理念

该煤矿紧紧围绕创建国家绿色矿山目标,牢固树立"黑色煤炭、绿色开采"理念,持续实施矿区环境治理,将绿色矿山建设融入生产经营、安全管理、安全质量标准化、企业文化建设等各项工作中，构建了“553”绿色矿山创建体系。“5”指 5 项环保措施：绿色规划、绿色开采、绿色治理、绿色利用、绿色发展。“5”指 5 个建设方向：矿区环境公园化、井下环境工厂化、原煤选运封闭化、运输道路无煤化、井田地域生态化。“3”指 3 个建设目标：标准化作业环境、标准化办公环境和标准化生活环境。

2. 因地制宜，开展矿山绿化

该煤矿以创建“党支部示范区”为载体，对矿区的卫生保洁、环境整治、职工文明行为养成实行精细化管理考核；定期对草坪、花木进行灌溉、修剪和喷药灭虫，实现道路林荫化、绿地景观化、矿区公园化的美好景象，矿区绿化空地绿化率达到 90%，凸显出煤矿绿色发展的主基调。

3. 采用智能化管理提高生产工艺环保化水平

该煤矿依托矿内信息网对井下粉尘、瓦斯、顶板、温度等环境指标进行即时检测、监控；突出对煤尘、废气、噪音的源头治理和全过程控制，严格落实煤体注水、湿式掘岩、割煤掘进喷雾、转载喷雾等综合防尘措施，各条巷道都有风流净化水幕，各产尘点、降尘点全部使用智能化喷雾，初步实现井下作业环境无尘化；高声响的设备全部安装消音器，锅炉安装除尘、脱硫装置；地面选煤实施浅槽重介分选工艺，减少煤泥和灰分。同时在采掘工作面配备防尘员，加强日常防尘管理。各项环保设施的投入使用和常态化管理，最终实现了矿井清洁生产。

4. 循环利用，节能减排

该煤矿强化“三零”排放，资源循环利用：建设日处理矿井废水能力为 5000 m^3 的净化水厂，处理后的水用于井下灭尘、配制乳化液、地面灭尘洒水、浇花，实现废水零排放；煤矸石全部用于灾害治理矿坑回填，实现矸石零堆放；采购更换薄煤层综采设备，减少矸石排放量。

5. 加强科研投入，提升科技水平

该煤矿积极推进建设技术创新体系，建立产学研用科技创新平台，将技术攻关与推广应用相结合，及时推广应用“四新”技术，积极开展各类创新创效活动，不断增强矿山的核心竞争力，实现矿山发展模式的优化转变。同时，以综合机械化、数字化矿井建设为导向，把矿井建设成集约化生产、规范化管理的现代化能源生产矿井，形成以综合机械化为主的一区一面安全、高效生产模式。此外，信息化覆盖井下地面，形成数字化网络监测、监控了系统。

本章主要参考文献

卞正富，雷少刚，金丹，等，2018. 矿区土地修复的几个基本问题[J]. 煤炭学报，43(01)：190－197.

卞正富，于昊辰，韩晓彤，2022. 碳中和目标背景下矿山生态修复的路径选择[J]. 煤炭学报，47(01)：449－459.

董煜，柳晓娟，侯华丽，2020. 绿色矿山评价指标解析[J]. 中国矿业，29(12)：68－74.

高云飞，王义，王国青，等，2022. "双碳"目标下煤炭企业绿色矿山建设路径探究[J]. 中国煤炭，48(1)：16－20.

何振嘉，罗林涛，杜宜春，等，2022. 碳中和背景下矿区生态修复减排增汇实现对策[J]. 矿产综合利用 (02)：9－14，56.

胡振琪，肖武，赵艳玲，2020. 再论煤矿区生态环境"边采边复"[J]. 煤炭学报，45(01)：351－359.

鞠金峰，李全生，许家林，等，2020. 采动含水层生态功能修复研究进展[J]. 煤炭科学技术，48(09)：102－108.

刘明达，蒙吉军，刘碧寒，2014. 国内外碳排放核算方法研究进展[J]. 热带地理，34(02)：248－258.

刘毅，王婧，车轲，等，2021. 温室气体的卫星遥感：进展与趋势[J]. 遥感学报，25(01)：53－64.

鲁叶江，李树志，2015. 近郊采煤沉陷积水区人工湿地构建技术：以唐山南湖湿地建设为例[J]. 金属矿山 (04)：56－60.

罗明，周旭，周妍，2021. "基于自然的解决方案"在中国的本土化实践[J]. 中国土地 (01)：12－15.

王双明，范立民，黄庆享，等，2009. 陕北生态脆弱矿区煤炭与地下水组合特征及保水开采[J]. 金属矿山(S1)：697－702，707.

王双明，申艳军，孙强，等，2022. "双碳"目标下煤炭开采扰动空间 CO_2

地下封存途径与技术难题探索[J]. 煤炭学报,47(1):45 - 60.

王自堃,2021. 用“一把尺子”丈量土地利用碳排放[N]. 中国自然资源报,2021 - 09 - 23(006).

徐占军,2012. 高潜水位矿区煤炭开采对土壤和植被碳库扰动的碳效应[D]. 徐州:中国矿业大学.

杨博宇,白中科,2021. 碳中和背景下煤矿区土地生态系统碳源/汇研究进展及其减排对策[J]. 中国矿业,30(5):1 - 9.

杨崇曜,周妍,陈妍,等,2021. 基于 NbS 的山水林田湖草生态保护修复实践探索[J]. 地学前缘,28(04):25 - 34.

于贵瑞, 朱剑兴, 徐丽, 等, 2022. 中国生态系统碳汇功能提升的技术途径:基于自然解决方案[J]. 中国科学院院刊, 37(4): 490 - 501.

张黎明,张绍良,侯湖平,等,2015. 矿区土地复垦碳减排效果测度模型与实证分析[J]. 中国矿业 (11):65 - 70.

张艳芳,任志远,2005. 景观尺度上的区域生态安全研究[J]. 西北大学学报(自然科学版) (06):815 - 818.

张振芳,2013. 露天煤矿碳排放量核算及碳减排途径研究[D]. 徐州:中国矿业大学.

赵晓林,程红刚,岳本江,等,2021. 矿山生态修复的研究热点和主流操作方式[J]. 中国水土保持 (06):46 - 48.

自然资源部,2020. 关于印发《绿色矿山评价指标》和《绿色矿山遴选第三方评估工作要求》的函[EB/OL]. (2020 - 06 - 01)[2021 - 09 - 16]. http://gi. mnr. gov. cn/202006/t20200601_2521979. html.

自然资源部,2021. 基于自然的解决方案全球标准中文版及中国实践典型案例发布[EB/OL]. (2021 - 06 - 24)[2021 - 09 - 16]. https://www. mnr. gov. cn/dt/ywbb/202106/t20210624_2659274. html.

GHOSE M,2001. Management of topsoil for geo-environmental reclamation of coal mining areas[J]. Environmental Geology,40(11 - 12): 1405 - 1410.

LAI L, HUANG X J, YANG H, et al, 2016. Carbon emissions from land-use change and management in China between1990and 2010[J]. Science Advances(59):1 - 8.